"十四五"国家重点出版物专项规划

青少年人工智能科普丛书 | 总主编 邱玉辉

专家系统

王 平 / 编著

西南大学出版社
国家一级出版社 全国百佳图书出版单位

图书在版编目(CIP)数据

专家系统 / 王平编著. -- 重庆：西南大学出版社，2025.4. -- ISBN 978-7-5697-3029-6

Ⅰ. TP18-49

中国国家版本馆CIP数据核字第2025Y3D800号

专家系统
ZHUANJIA XITONG

王平◎编著

图书策划：张浩宇　李　君
责任编辑：张浩宇
责任校对：李　君
装帧设计：闰江文化
排　　版：张　祥
出版发行：西南大学出版社（原西南师范大学出版社）
　　　　　地址：重庆市北碚区天生路2号
　　　　　邮编：400715
经　　销：全国新华书店
印　　刷：重庆方迪数码印刷有限公司
成品尺寸：140mm×203mm
印　　张：5.75
字　　数：150千字
版　　次：2025年4月 第1版
印　　次：2025年4月 第1次印刷
书　　号：ISBN 978-7-5697-3029-6
定　　价：38.00元

总主编简介

邱玉辉，教授（二级），西南大学博士生导师，中国人工智能学会首批会士，重庆市计算机科学与技术首批学术带头人，第四届教育部科学技术委员会信息学部委员，中共党员。1992年起享受政府特殊津贴。

曾担任中国人工智能学会副理事长、中国数理逻辑学会副理事长、中国计算机学会理事、重庆计算机学会理事长、重庆市人工智能学会理事长、重庆计算机安全学会理事长、重庆软件行业协会理事长，《计算机研究与发展》编委、《计算机科学》编委、《计算机应用》编委、《智能系统学报》编委、科学出版社《科学技术著作丛书•智能》编委、《电脑报》总编，美国IEEE高级会员、美国ACM会员、中国计算机学会高级会员。长期从事非单调推理、近似推理、神经网络、机器学习和分布式人工智能、物联网、云计算、大数据的教学和研究工作。已指导毕业博士后2人、博士生33人、硕士生25人。发表论文420余篇（在国际学术会议和杂志发表人工智能方面的学术论文300余篇，全国性的学术会议和重要核心刊物发表人工智能方面的学术论文100余篇）。出版学术著作《自动推理导论》(电子科技大学出版社，1992年)、《专家系统中的不确定推理——模型、方法和理论》(科学技术文献出版社，1995年)、《人工智能探索》(西南师范大学出版社，1999年)和主编《数据科学与人工智能研究》(西南师范大学出版社，2018年)、《量子人工智能引论》(西南师范大学出版社，2021年)、《计算机基础教程》(西南师范大学出版社，1999年)等图书20余种。主持、主研完成国家"973"项目、"863"项目、自然科学基金、省（市）基金和攻关项目16项。获省（部）级自然科学奖、科技进步奖四项，获省（部）级优秀教学成果奖四项。

《青少年人工智能科普丛书》编委会

主　任　　邱玉辉　西南大学教授
副主任　　廖晓峰　重庆大学教授
　　　　　　王国胤　重庆师范大学教授
　　　　　　段书凯　西南大学教授
委　员　　刘光远　西南大学教授
　　　　　　柴　毅　重庆大学教授
　　　　　　蒲晓蓉　电子科技大学教授
　　　　　　陈　庄　重庆理工大学教授
　　　　　　何　嘉　成都信息工程大学教授
　　　　　　陈　武　西南大学教授
　　　　　　张小川　重庆理工大学教授
　　　　　　马　燕　重庆师范大学教授
　　　　　　葛继科　重庆科技学院教授

总序

人工智能(Artificial Intelligence，缩写为 AI)是计算机科学的一个分支，是建立智能机，特别是智能计算机程序的科学与工程，它与用计算机理解人类智能的任务相关联。AI 已成为产业的基本组成部分，并已成为人类经济增长、社会进步的新的技术引擎。人工智能是一种新的具有深远影响的数字尖端科学，人工智能的快速发展，将深刻改变人类的生活与工作方式。世界各国都意识到，人工智能是开启未来智能世界的钥匙，是未来科技发展的战略制高点。

今天，人工智能被广泛认为是计算机化系统，它以通常认为需要智能的方式工作和反应，比如学习、在不确定和不同条件下解决问题和完成任务。人工智能有一系列的方法和技术，包括机器学习、自然语言处理和机器人技术等。

2016年以来，各国纷纷制订发展计划，投入重金抢占新一轮科技变革的制高点。美国、中国、俄罗斯、英国、日本、德国、韩国等国家近几年纷纷出台多项战略计划,积极推动人工智能发展。企业将人工智能作为未来的发展方向积极布局,围绕人工智能的创新创业也在不断涌现。

牛津大学的未来人类研究所曾发表一项人工智能调查报告——《人工智能什么时候会超过人类的表现》,该调查报告包含了352名机器学习研究人员对人工智能未来若干年演化的估计。该调查报告的受访者表示,到2026年,机器将能够写学术论文;到2027年,自动驾驶卡车将无需驾驶员;到2031年,人工智能在零售领域的表现将超过人类;到2049年,人工智能可能造就下一个斯蒂芬·金;到2053年,将造就下一个查理·托(注:一位知名的外科医生);到2137年,所有人类的工作都将实现自动化。

今天,智能的概念和智能产品已随处可见,人工智能的相关知识已成为人们必备的知识。为了普及和推广人工智能,西南大学出版社组织该领域的专家编写了《青少年人工智能科普丛书》。该套丛书的各个分册力求内容科学,深入浅出,通俗易懂,图文并茂。

人工智能正处于快速发展中,相关的新理论、新技术、新方法、新平台、新应用不断涌现,本丛书不可能都关注到,不妥之处在所难免,敬请读者批评和指正。

邱玉辉

前言

在当今这个信息爆炸和科技飞速发展的时代,知识总量呈指数级增长,专业知识的传承和应用面临着诸多挑战。专家系统就像是一位知识渊博且永不疲倦的智者,将各个领域专家们的宝贵知识和丰富经验转化为可计算、可推理的智能程序。

本书通过通俗易懂的语言向读者介绍了专家系统的基本原理、技术及应用,帮助读者加深对人工智能技术的认识与理解。这本科普读物就像是一位聪明的向导,将带你领略专家系统的奇妙之处,探索它是如何在医疗、航天、金融等众多领域大显身手,成为人类智慧的延伸。

参与本书编写的还有邱劲等西南大学的老师,他们在本书的编写过程中做了大量的工作,对他们做出的贡献笔者在此表示衷心感谢。

目录 CONTENTS

第一章 引言

1.1 什么是专家系统 ················005

1.2 专家系统的基本特征 ············010

1.3 专家系统的优缺点 ··············013

第二章 知识表示

2.1 概述 ························020

2.2 知识表示 ····················023

第三章 专家系统的分类

3.1 按知识表示技术分类 ············037

3.2 按任务类型分类 ················044

3.3 按应用领域分类 ················048

第四章 基于规则的专家系统

4.1 基于规则的专家系统的重要性 ······054

4.2 基于规则的专家系统的结构 ········055

4.3 冲突解决 ····················072

4.4 基于规则的专家系统的优缺点……………………075
4.5 MYCIN系统 ……………………………………077

第五章 构建专家系统的工具及人员

5.1 构建专家系统的工具……………………………091
5.2 专家系统开发中的人员组成……………………108

第六章 专家系统的开发

6.1 专家系统开发阶段的划分………………………115
6.2 专家系统开发步骤………………………………117

第七章 专家系统简史

7.1 概述………………………………………………123
7.2 专家系统的发展历程……………………………124
7.3 我国专家系统的发展历程………………………129
7.4 专家系统发展中的重要事件……………………134

第八章 专家系统的应用

8.1 专家系统的应用领域……………………………141
8.2 专家系统实例……………………………………149

第九章 专家系统的发展趋势

9.1 专家系统的发展趋势……………………………159
9.2 专家系统的未来…………………………………161

专家系统

第一章
引言

专家系统是人工智能中很重要也很活跃的一个应用领域，它实现了人工智能从理论研究走向实际应用，从对一般推理策略的探讨转向运用专门知识的重大突破。专家系统的概念是由计算机科学家E.A.费根鲍姆（图1-1）在20世纪60年代提出的。E.A.费根鲍姆是斯坦福大学的教授，也是斯坦福大学知识系统实验室的创始人。他在一份手稿中说，世界正在从"数据处理"转向"知识处理"。他解释说，这意味着计算机有可能做更基本的计算，由于新的处理器技术和计算机架构，计算机能够解决复杂的问题。

图1-1 E.A.费根鲍姆

专家系统是一种基于知识的系统，是人工智能的早期研究领域之一，是一种知识密集型软件，可以执行一些通常需要人类专业知识才能解决的问题。专家系统用于解决特定领域的问题，而特定问题推理的每一步应该如何操作由人类专家来决定。因此，专家系统可作为一个特定领域的人工咨询系统。

20世纪70年代末至80年代早期，专家系统逐步从实验室进入实际应用。在一些应用领域，如工程、化学、医学、工业等，广受欢迎，并涌现出一系列成功的案例。例如，斯坦福大学完成的MYCIN系统（图1-2）。MYCIN系统是一种利用人工智能技术帮助医生对住院的血液感染患者进行诊断和选用抗生素类药物进行治疗的专家系统，它会根据报告的症状和医学检查结果尝试诊断并治疗病人，其效果与人类血液感染专家类似。

图1-2 MYCIN系统示意图

1.1 什么是专家系统

1.1.1 专家系统的定义

在过去的几十年,个人电脑对人们的生活产生了巨大的影响。文字编辑软件、电子表格和数据库为处理数据和信息提供了工具。而在20世纪70年代,其他一些不太知名的软件产品也开始出现,这些产品适合处理知识,被称为专家系统。与传统软件处理对象是数据不同,专家系统处理的是知识。专家系统的目的是模仿人类专家在工作中使用知识进行推理。

一些学者对专家系统提出了如下不同的定义:

(1)专家系统属于人工智能的一个领域,它是一种以知识为基础的计算机程序,能在特定领域表现出一定程度的专业性,在解决问题或做出决策时表现出的能力与人类专家相当。

(2)专家系统是在某一特定领域,通过模拟使用该领域专家的知识和分析规则,做出决策或解决问题的应用程序。

(3)专家系统是利用知识和启发式方法来解决通常需要人类专家才能解决的问题的计算机程序。

尽管不同研究人员对专家系统有不尽相同的定义,但重要的是专家系统是一种基于知识的计算机程序,在特定领域内,它在解决问题方面表现出与人类专家相媲美的能力。

本书采用专家系统之父、斯坦福大学教授E.A.费根鲍姆给出的专家系统定义:专家系统是一种使用知识和推理求解那些需要专门技术才能解决的困难问题的计算机智能程序。

通俗的解释为:专家系统是一种程序,它试图通过将推理方法应用于特定的知识体系来模仿人类专家的专业知识运用。这个知识体系被称为领域。

要理解专家系统,明确数据、信息和知识之间的区别非常重要。数据只不过是一组字母符号,例如,张三、20等。这些符号本身没有任何意义,只有在上下文中,它们才产生所谓的信息,例如,张三20岁。知识不同于信息,因为它可以产生更多的信息。例如,经验告诉我们,如果我们在雨中行走,就会被淋湿。这就是说,我们从已知的信息中得出了我们会被淋湿的信息。这种知识通常以规则的形式表示,不过,正如我们将在后面看到的,还有其他表示知识的方式。

现代专家系统使用机器学习和人工智能来模拟领域专家的行为或判断。就像人类一样,这些系统可以随着时间的推移而获得更多的经验进而提高性能。专家系统是为了协助人类专家而不是取代人类专家。

1.1.2 专家系统的组成部分

专家系统一般有四个主要的组成部分,如图1-3所示。

1.知识库

知识库是专家系统的核心。它包含一组规则、事实和启发式方法,代表了人类专家在特定领域的知识,由具有专业知识和经验的领域专家创建,并以专家系统能够理解的方式进行编码。

2. 推理引擎

推理引擎(也称为"推理机")负责推理和决策。它将知识库中定义的规则和程序应用于输入的数据,并生成所需的结果。推理引擎使用各种推理技术,包括反向推理和正向推理,从知识库中推导出结论。

3. 用户界面

用户界面是用户与专家系统之间的沟通渠道。它以用户友好的方式展示推理引擎生成的问题、选项和建议。用户界面可以是基于文本的,也可以是图形的,具体取决于应用。

4. 解释模块

解释模块用于解释专家系统的推理过程,比如解释专家系统是如何得出结果或建议的。

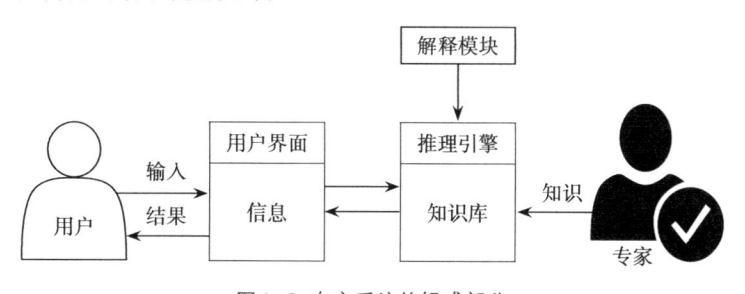

图 1-3 专家系统的组成部分

1.1.3 专家系统的能力

专家系统结合了规则和算法,并根据知识库中的专家知识、启发式规则和推理模式来执行任务和做出决策。专家系统可以提供专家建议或自动化决策,以帮助识别错误或风险,协助解决问题。专家系统具备以下主要能力。

1. 专业知识存储与运用

专家系统能够存储大量的专业知识,这些知识来自特定领域的专家,涵盖了该领域的基础理论、经验法则和案例等。系统能够利用这些专业知识,对输入的问题或数据进行分析和推理,以得出专业的结论或建议。

2. 问题求解与决策支持

专家系统能够接收用户输入的问题或任务,并通过其内部的推理机制,找到合适的解决方案。专家系统可以模拟人类专家的决策过程,考虑多种因素和条件,以提供高质量的决策支持。

3. 解释与说明

专家系统不仅能够给出问题的答案或决策的结果,还能够解释其推理依据和过程,有助于用户理解专家系统的决策逻辑,增加用户对专家系统结果的信任度。

4. 适应与自学习能力

一些先进的专家系统具备一定的学习能力,能够从新的数据和经验中不断更新和完善其知识库和推理机制。这使得专家系统能够适应环境的变化和新的需求,保持其决策能力的先进性和准确性。

5.高效性与稳定性

专家系统能够快速处理大量的数据和信息,并在短时间内给出准确的答案或建议。专家系统在运行时具有较高的稳定性,能够持续稳定地提供服务,满足用户的需求。

1.2 专家系统的基本特征

1.2.1 专家系统的基本特征

专家系统是一个基于知识的系统,它利用人类专家提供的专门知识,模拟人类专家的思维过程,解决对人类专家而言都相当困难的问题。一般来说,一个高性能的专家系统具有如下基本特征。

1. 专门领域的应用

专家系统主要应用于某个特定的专门领域,例如化学、医学、法律等,并具有相当于这些领域专家水平的知识和经验。

2. 模拟专家思维

专家系统能够模拟人类专家的思维过程,包括使用专门知识,通过判断、推理和联想来解决问题。

3. 解决复杂问题

专家系统擅长解决那些不确定的、非结构化的、没有算法解或虽有算法解但在现有机器上无法实施的困难问题。

4. 基于知识和推理

专家系统基于知识和推理来解决问题,而不是像传统软件系统那样使用固定的算法。专家系统内部包含大量的特定领域知识和经验，通过推理机制来模拟人类专家的决策过程。

5. 解释功能

专家系统一般具有解释功能，能够在运行过程中回答用户提出的问题，并对最后输出的结果或处理问题的过程做出解释。

6. 灵活性和可扩充性

专家系统的结构和设计通常强调知识与推理的分离，这使得专家系统具有很好的灵活性和可扩充性。专家系统可以不断地接纳新知识，以确保系统内的知识不断增长以满足用户需要。

7. 启发性

专家系统不仅能使用逻辑知识，也能使用启发性知识，还能运用规范的专门知识和直觉的评判知识进行判断、推理和联想，实现问题求解。

1.2.2 专家系统与传统程序区别

专家系统和传统程序在设计思想、系统结构和功能特点等方面存在显著区别。这些区别使得专家系统能够处理更加复杂和多样化的问题。

1. 设计思想不同

传统程序通常基于数据结构和算法进行设计，即程序=数据结构+算法。传统程序将问题求解的知识隐含于程序中，设计思想强调程序的逻辑性和执行效率，并通过明确的算法来解决问题。

专家系统则是以知识和推理为中心进行设计的。专家系统重点在于对知识的表示和运用,并通过推理机制来求解问题,而知识通常以规则、框架、语义网络等形式存储和组织。这种设计思想使得专家系统能够处理那些需要人类专家才能解决的复杂问题。专家系统可由以下方程表示:

$$专家系统=知识+推理$$

2.系统结构不同

传统程序通常包括数据结构和算法两部分,数据结构用于存储和处理数据,算法则用于定义问题的求解过程。这种结构相对简单,但缺乏灵活性和可扩展性。专家系统则包括知识库、推理引擎、综合数据库、知识获取结构、人机接口和解释结构等多个部分。这些部分相互协作,共同实现问题的求解和知识的更新,使得专家系统具有更高的灵活性和可扩展性。

3.功能特点不同

传统程序主要具有数值计算和数据处理等功能,能够快速执行预定义的算法并给出结果。然而,它们通常缺乏解释和推理能力,无法处理复杂的不确定性和模糊性问题。专家系统则具有启发性、透明性、灵活性、交互性等特点。它能够运用专家的知识和经验进行推理和判断,并能够解释推理过程和回答用户的问题。此外,专家系统还能够不断增长和更新知识库中的知识以适应新的问题和挑战。

1.3 专家系统的优缺点

1.3.1 专家系统的优点

专家系统作为一种人工智能应用，具有许多显著的优点，这些优点使它在多个领域中都得到了广泛应用。

以下是专家系统的主要优点。

1. 问题解决的广泛性

专家系统可以应用于各种复杂问题的求解，如医疗诊断、金融分析、工程设计等。它能够处理具有不确定性和模糊性的问题，并提供合理的解决方案。这使得专家系统成为解决复杂问题的有力工具。

2. 知识集成和传承

专家系统能够集成多个领域专家的知识和经验，形成一个综合的知识库。这使得专家的知识和经验得以传承和共享，不再受地域和时间的限制。对于新员工或非专业用户，专家系统可以提供及时、准确的指导和支持。

3. 适应性和学习能力

一些先进的专家系统具备适应性和学习能力，能够根据新的数据和经验更新自己的知识库和推理规则。这使得专家系统能够不断优化和完善自己的性能,以更好地适应复杂多变的环境和任务。

4. 客观性和公正性

多个专家为一个专家系统的知识库贡献知识,使得专家系统在进行决策时不受人为因素的影响,能够保持客观性和公正性,并让专家系统的决策结果更加可信和可靠,避免了人为偏见和错误的影响。

5. 高效性和准确性

专家系统能够持续、快速地处理大量数据和信息,而且其处理结果通常具有高效性和准确性。它避免了人为错误和疲劳导致的判断失误,从而提高了工作效率和决策质量。

6. 用户友好性

专家系统通常具有友好的用户界面和交互方式,使得用户能够方便地与系统进行交互。专家系统能够提供清晰、易懂的解释和说明,帮助用户理解系统的决策过程和结果,这使得专家系统易于被用户接受和使用。

1.3.2 专家系统的缺点

尽管专家系统在许多方面都有其显著的优势,但它也存在如下一些缺点和局限性。

1. 推理能力有限

专家系统在推理方面往往只支持有限的推理策略,缺乏时态推理和非单调推理等人类思维中常用的推理策略。这使得系统在某些情况下难以得出准确结论或建议。

2. 知识获取困难

专家系统缺乏有效的知识获取能力,导致其知识库难以更新和扩展,增加了系统开发和维护的难度,并限制了其适应新领域和新问题的能力。此外,专家系统知识获取过程通常费时、低效,还需要领域专家的参与,并且难以自动化。

3. 系统成本与维护

尽管长期而言可能节省成本,但专家系统的开发和部署初期可能需要大量投资。开发一个功能强大的专家系统需要投入大量的时间和资源,包括领域专家的参与、数据搜集、知识库构建等。此外,系统的维护和更新也需要持续投入,增加了系统的成本和维护的复杂性。

4. 透明度与解释性不足

尽管专家系统在某些方面具有良好的透明度,但其在复杂决策过程中的解释性不足,可能导致用户难以理解系统的决策依据和过程。

5. 缺乏情感智能

专家系统无法理解或响应用户的情感需求,可能影响用户体验。

6. 错误的解决方案

专家系统不是没有差错的。由于知识库中的一些逻辑错误,处理过程中可能会出现错误,从而有可能会提供错误的解决方案。

专家系统

第二章
知识表示

什么是知识？知识是对世界的描述。什么是知识表示？简单地说，知识表示是对知识进行编码，以便计算机能够理解如何解决问题（图2-1）。知识表示是人工智能中的一个关键问题，如果人类的某个知识能用计算机语言来表示，这样计算机就可以利用这个知识进行推理。

图2-1 知识表示示意图

2.1 概述

2.1.1 基本概念

数据、信息和知识之间存在紧密而微妙的联系,它们各自在不同的层次上发挥作用,但又相互依赖和转化。数据是未经加工的原始事实或观察结果,可以是任何形式的可量化或可记录的信息。信息是经过处理、组织、解释和关联后的数据,它具有意义和价值,能够满足特定用户的需求。知识是基于信息的理解和经验等,它帮助人们做出决策、解决问题或创造新的价值。知识是在信息的基础上形成的,但它超越了单纯的信息层面,涉及对信息的理解、分析和应用。知识是最抽象的,存在的量也是最小的。知识本身可以有不同的抽象程度,包括:具体(关于具体问题的知识)、特定领域(一类问题)和抽象(许多类问题)。

知识表示是至关重要的,因为解决问题需要大量的知识,而这些知识需要有相应的机制来处理,使之成为计算机可以理解的形式。

2.1.2 知识的分类

知识需要进行分析,以区分"如何做"的知识和"做什么"的知识。知道"如何做某事",如"如何驾驶汽车",属于程序性知识;知道"某件事情是真的还是假的"或"高速公路上汽车的限速是多少",这是陈述性知识。

知识可大致分为两大类:隐性知识和显性知识。"隐性"知识对应"非正式"或"隐含"类型的知识,这些知识难以编纂,原因是:

(1)这些知识难以准确表述,难以交流或分享,难以复制。

(2)这些知识来自经验、行动或主观见解。

"显性"知识对应"正式"类型的知识,即较容易被编纂的知识。这些知识:

(1)可以正式表述。

(2)可以共享、复制、处理和存储,但容易被窃取或复制。

隐性知识来自"经验""行动""主观"和"洞察力"。而显性知识来自"原则""程序""过程""概念"。

但隐性知识和显性知识之间是有联系的,这些联系如下所述。

1.事实

事实指具体而独特的数据或实例。

2.概念

概念指有共同名称和共同特征的物品、词语或观点的类别。

3.过程

过程指事件或活动的流程,描述事物如何运作,而不是如何做事。

4.程序

程序指一系列按部就班的行动和决策,其结果是完成一项任务。

5.原则

原则是指导工作的准则、规则和参数;通过原则可以对结果进行预测并得出可能会带来的影响。所以良好的知识表征可以快速、准确地获取知识和理解内容。

2.2 知识表示

在专家系统中,知识表示是核心部分,它决定了系统如何存储、组织和使用这些知识。以下是专家系统中知识表示的几种主要形式。

(1)产生式规则表示法;

(2)框架表示法;

(3)语义网络表示法;

(4)逻辑表示法。

2.2.1 产生式规则表示法

20世纪70年代,人们终于接受了要让机器解决一个智力问题,就必须知道解决方案的结论。换句话说,一个人必须在某个特定的领域拥有知识,即"专门知识",才能解决该领域问题。知识是对某一学科或某个领域的理论或实践的总结,那些拥有知识的人被称为专家。任何一家成功的公司都有若干位一流的专家。

谁被公认为专家?任何人都可以被认为是领域专家,只要他在特定领域有丰富的知识(包括事实和规则),以及丰富的实践经验。例如,电机专家对变压器有了解,而人寿保险营销专家可能对相关保险政策有了解,等等。一般来说,专家会做别人不会做的事情。专家是如何思考的？虽然人类的心理过程是内在的，复杂的，很难用一种算法来表示，然而大多数专家都能以一系列规则的形式来表达他们的知识。

一个简单的例子，想象一下，你遇到了一个外星人。他想过马路。你能帮他吗？假如你做这项工作已经好多年了，且是过马路方面的专家，你就能教外星人了。你会怎么做呢？你可以向外星人解释说，当交通灯是绿灯时，你可以安全地过马路；而当交通灯是红灯时，你必须停止。这些都是最基本的规则，你的知识可以表述为以下规则：

如果"交通灯"是绿色的，那么就开始行动。

如果"交通灯"是红色的，那么就立即停止行动。

这种以 IF-THEN 形式表示的语句被称为产生式规则或规则。可以将以上形式的语句定义为 IF-THEN 结构，它将 IF 部分中给定的信息或事实与 THEN 部分的某些动作联系起来。人工智能中的术语"规则"是最常用的知识表示类型，一个规则提供了关于如何解决一个问题的一些描述，规则相对容易创建和理解。

任何规则都由两部分组成：规则的 IF 部分，称为前提、前件或先行词；THEN 部分称为结论或动作。当规则的前件 X 被满足时，得出的结论应该执行操作 Y。X 和 Y 都可以是一个或一组数学表达式或自然语言。一条规则的基本语法是：

IF X THEN Y

或

如果<前件>，那么<动作>。

对于不确定性知识，可用如下形式表示：

IF X THEN Y(可信度)

可信度可以是区间[0,1]内的任意实数。

```
如果    <前件1>
和      <前件2>
  ⋮
和      <前件n>
那么    <结论>

如果    <前件1>
或      <前件2>
  ⋮
或      <前件m>
那么    <结论>
```

一般来说，一个规则可以有多个前件，可以用关键字"和"（AND）、"或"（OR）连接，也可以将 AND 和 OR 混合使用来组成。同样，结论也可以有多个子句。

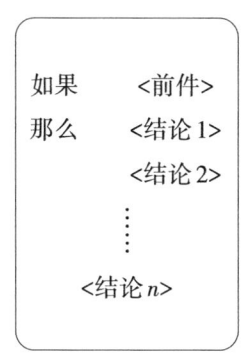

```
如果    <前件>
那么    <结论1>
        <结论2>
          ⋮
        <结论n>
```

一个规则可以表示关系、建议、指令、策略和启发式。在专家系统的规则中,关系通常指的是事物之间的关联、联系或对应情况。此处的"建议"指的是基于特定条件或情况给出的指导性意见或提议,旨在帮助用户做出更有利的决策或采取更合适的行动。在专家系统的规则中,"指令"是一种明确、具体且必须执行的命令或指示。而在专家系统的规则中,"启发式"指的是基于经验或直觉的、用于引导问题解决或决策制定的近似方法或策略,但它不一定能保证得出最优解,但是在大多数情况下能提供较为有效的指导。下面是一些具体的例子。

1.关系

如果 "油箱"是空的

那么 汽车就开不动了

2.建议

如果 这个季节是秋天

天空是多云的

天气预报说会下雨

那么 建议"拿把伞"

3.指令

如果 汽车已经开不动了

而"燃料箱"是空的

那么 立即"给汽车加油"

4.策略

如果 汽车已经开不动了

那么 "检查油箱"

5. 启发式

如果　泄漏物为液体

且　　泄漏物的pH<6

还有　"溢出的味道"是醋味

那么　"泄漏材料"是"醋酸"

从上面的例子可以看到，产生式规则的表示方式与人的自然推理方式类似，易于理解和解释。这使得专家能够方便地将自己的知识和经验转化为规则，同时也方便了非专业人士对系统的理解和使用。在知识库中可以方便地增加、删除、查询和修改启发性知识。这使得系统能够灵活地适应不同的应用场景和需求。但产生式规则的表示方式也有一些缺点，例如产生式系统的推理是通过一系列"匹配→冲突消解→执行"的过程循环实现的。在每个推理周期中，系统都需要对全部规则的条件部分进行搜索和模式匹配，这会导致推理效率的降低。随着规则数量的增加，推理效率低的缺点会越来越突出，甚至可能出现组合爆炸问题。虽然个别规则容易理解和定义，但当规则数量达到数百条以上时，规则间的关系会变得模糊起来，导致系统的功能和行为难以理解。这使得系统的可解释性降低，增加了系统维护的复杂性。

2.2.2 框架表示法

人们在日常思维和求解问题活动中分析和解释新情况时，一般会利用过去积累的经验。这些经验是从无数个事例、事件中提取的，虽然规模很大，但是以很好的组织形式存储在人类大脑里，然而计算机无法把所有的事例、事件像人脑一样存储，只能用一个通用的数据结构形式来存储以及处理，这样的数据结构称为"框架"。

1975年，马文·明斯基提出了框架理论。框架表示法是以框架理论为基础发展起来的，可以表达多种类型的知识。框架理论的基本观点是，人脑已存储有大量的典型情景，当面临新的情景时，就从记忆中选择一个称作框架的基本知识结构，其具体内容依新的情景而改变，形成对新情景的认识，新的认识又存储于人脑中。

在人工智能的一些专业论文中，框架是这样定义的。框架是带有关于某个对象和概念的典型知识的数据结构，一个框架由框架名和一组用于描述框架各方面具体属性的"槽"组成，每个槽设有一个槽名，槽的值用来描述框架所表示的事物各组成部分的属性。槽中可以填入具体的值，也可以设置默认值、约束条件等。在较复杂的框架中，槽下面还可进一步区分为多个"侧面"，每个侧面又有一个或多个侧面值。此外，框架表示法通过设置槽值为另一个框架实现框架间的联系，从而建立起表示复杂知识的框架网络。在框架网络中，下层框架可以继承上层框架的槽值，并进行补充和修改，这减少了知识的冗余，保证了知识的一致性(图2-2)。

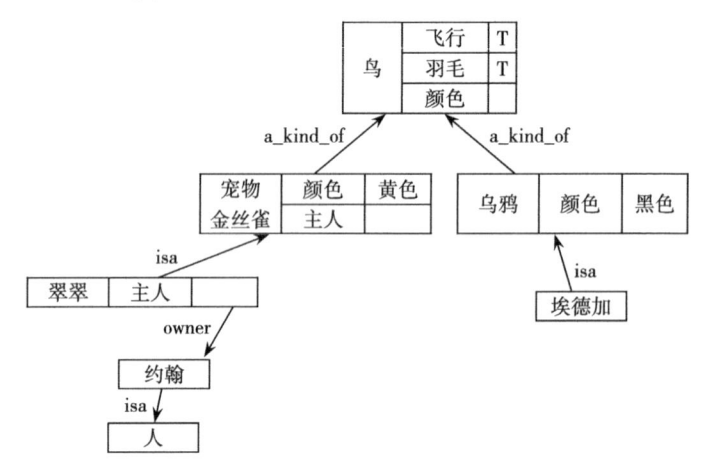

图2-2 框架表示法示例

在上面的示例中,我们定义了鸟。所有鸟都具有飞行、羽毛和颜色属性。属性"飞行"和"羽毛"都是布尔值,在这一层中固定为"真"(true)。这意味着对所有鸟类来说,"飞行"属性为 true,"羽毛"属性为 true。(注:此处仅为方便说明而定义为这样,不代表现实情况,书中其他例子亦然。)颜色属性虽然在这一层中定义,但并未填充,这意味着虽然所有鸟类都有颜色,但它们的颜色各不相同。鸟类的两个子类:宠物金丝雀和乌鸦。这两个子类的颜色槽都已填,宠物金丝雀为黄色,乌鸦为黑色。宠物金丝雀类有一个额外的插槽——主人,这意味着所有的宠物金丝雀都有一个主人,但在这一级没有填写,因为宠物金丝雀不会都有相同的主人。因此,我们可以说宠物金丝雀的任何一个个体都有黄颜色、有羽毛、能飞行和有主人等属性。主人属性在不同的个体中会有所不同。乌鸦类的任何个体都有黑颜色、有羽毛、能飞行等属性,但没有"主人"这一属性。对于宠物类的个体"翠翠"而言,它主人叫"约翰",约翰是"人"这类的一个个体。

框架表示模拟了人脑对事物的多方面、多层次的存储结构,直观自然,易于理解,且充分反映出事物间的内在联系,有较好的模块性,易于扩充。框架具有以下优点:

(1)结构化表示:框架提供了一种结构化的方式来组织知识,使得信息的存储和检索更加有序。

(2)丰富的信息表达:框架可以包含多种类型的信息,如属性、值、方法和规则,这使得它们能够表达复杂的实体和概念。

(3)易于扩展:新信息可以很容易被添加到框架中,而不需要对现有结构进行大规模修改。

（4）灵活性：框架可以很容易地适应不同的应用场景，因为它们可以根据需要进行定制和扩展。

（5）易于理解和使用：框架的概念与人类的思维方式相似，因此它们易于被人类理解和使用。

框架表示方法虽然在知识表示方面具有多种优点，但也存在一些缺点和局限性。不足之处在于，框架结构本身还没有形成完整的理论体系，框架、槽和侧面等各知识表示单元缺乏清晰的语义，不擅长表达过程性知识，支持其应用的工具尚待开发。框架结构可能变得非常复杂，特别是当框架层次较深或框架之间关系错综复杂时。对于非专业人士来说，理解框架的结构和逻辑可能比较困难，特别是当框架变得复杂时。在某些情况下，框架的复杂性可能会导致系统性能下降，特别是在处理大量数据时。

2.2.3 语义网络表示法

语义网络（图2-3）是一种用节点表示实体，节点之间的弧表示实体与实体之间的语义关系，从而构成一个有向图来表达知识的一种方法。有向图中的各个节点可以表示各种事务、概念、情况、属性、状态、事件和动作等，有向图中的弧是有方向的，表示节点间的主次关系。1968年科学家奎廉首先提出语义网络概念，目前此概念已在专家系统和自然语言理解等领域得到广泛应用。

图2-3 语义网络示意图

在语义网络结构中,结点表示一个问题领域中的物体、概念、属性、事件、动作或状态,一般划分为实例结点和类结点(或称概念结点)两种类型。弧表示结点之间的语义联系,也是语义网络组织知识的关键。语义网络中最基本的语义单元为语义基元,语义基元可用一个三元组来描述。基本网元是指一个语义基元所对应的那部分网络结构。把多个语义基元用相应的语义联系关联到一起就形成了语义网络。

用语义网络表示知识的步骤归结为:

步骤1:确定问题中所有对象和对象的属性;

步骤2:确定对象间的关系;

步骤3:根据语义网络所涉及的关系,对语义网络中的结点和弧进行整理,包括增加结点、弧,归并结点等;

步骤4:将各对象作为语义网络的一个个结点,各个对象间的关系作为各个结点的弧,连接形成语义网络。

图 2-4 是一个简单的 isa 层次结构语义网络。从图中我们知道德国牧羊犬是一种宠物狗,属于动物,是有生命的东西。

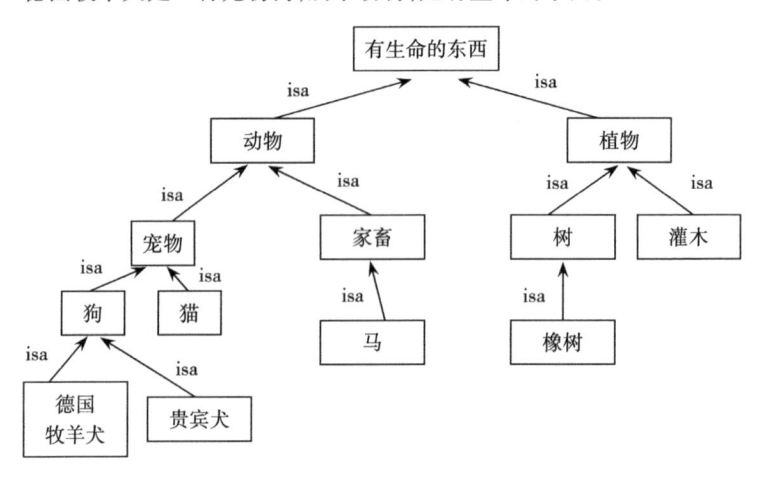

图 2-4 语义网络示例

语义网络能够直观地展示知识之间的联系,有助于知识的理解、存储和推理。但它也存在一些局限性,比如对于复杂的关系和大规模知识的表示可能会变得混乱,缺乏明确的形式化语义定义等。

2.2.4 逻辑表示法

与人工智能中的其他知识表示形式相比,逻辑表示法具有语法和语义清晰方面的巨大优势。逻辑是知识表示的最早形式主义表示方法之一。这种形式主义表示方法具有定义明确的语法和语义,并提供了大量推理规则,可根据逻辑公式的形式对其进行处理,从而推导出新的知识。逻辑学有着悠久而丰富的传统,其起源可以追溯到古希腊时期的亚里士多德(图2-5)。然而,直到19世纪,数学家布尔等人才奠定了现代逻辑学的数学基础。在计算机科学领域出现之前,这些伟大而有影响力的数学家的工作就已经为逻辑学奠定了坚实的基础。

图2-5 亚里士多德

逻辑分为多个分支,包括形式逻辑、辩证逻辑等。谓词逻辑是形式逻辑的一个重要分支,它扩展了命题逻辑的能力,允许我们更细致地描述事物之间的属性和关系。在谓词逻辑中,命题被分解为个体词(表示具体对象或事物的词)和谓词(描述对象属性或对象之间关系的词)。例如,"所有的自然数都是整数。"使用谓词逻辑可表达为:

谓词定义:

$N(x)$:x是自然数

$I(x)$：x 是整数

谓词逻辑表示：$\forall x(N(x) \rightarrow I(x))$

上面的公式解读为：对于所有的 x，如果 x 是自然数[$N(x)$]，则 x 是整数[$I(x)$]，其中符号"$\forall$"在逻辑中代表全称量词，读作"对于所有"或"对于每一个"。符号"$\rightarrow$"在逻辑中代表蕴含或条件关系。它连接两个命题，表示如果第一个命题为真，则第二个命题也必然为真。蕴含关系有时也被称为"如果……则……"关系。因为对广大普通读者来讲，弄懂数理逻辑是有难度的，所以本书不再展开讲解。

然而，纯粹形式的一阶逻辑几乎从未被用作专家系统知识表示形式。部分原因是很难用逻辑公式表达领域知识。当某一特定问题领域的知识无法以"接近"逻辑的形式表达时，就必须投入大量精力将专家知识转换为逻辑公式，而在这一过程中往往会丢失有价值的信息。此外，标准逻辑无法处理不完整和不确定的信息，也无法充分处理一般规则的例外情况。

第三章 专家系统的分类

专家系统可以根据不同的标准进行分类,常见的分类方式包括基于知识表示技术、基于任务类型以及基于应用领域等。基于知识表示技术的专家系统可分为四类:基于规则的专家系统、基于框架的专家系统、基于模糊逻辑的专家系统和基于神经网络的专家系统。基于任务类型的专家系统又可分为解释型专家系统、预测型专家系统、诊断型专家系统等。基于应用领域的专家系统可分为医疗专家系统、金融专家系统、工业专家系统、教育专家系统等。这些分类方式并非相互排斥的,一个专家系统可能同时属于多个类别。本章主要介绍按知识表示技术的分类方法以及专家系统的应用领域。

3.1 按知识表示技术分类

3.1.1 基于规则的专家系统

基于规则的专家系统是最早的专家系统,也是建立专家系统最常用的方式。该专家系统用产生式规则构造,已被广泛应用到各个领域。

基于规则的专家系统的主要组成部分(图3-1)包括知识库、数据库和推理引擎。

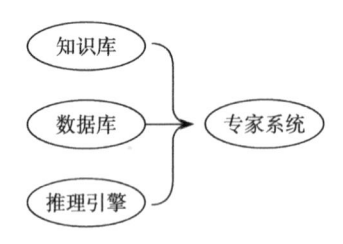

图3-1 基于规则的专家系统的主要组成部分

知识库是该系统的核心组成部分,它包含了系统用以进行推理的所有知识。知识库中的主要元素是一系列的产生式规则,通常采用IF-THEN的格式,其中IF部分定义了条件,而THEN部分定义了在条件满足时应执行的动作。例如,产生式规则是:"如果交通指示灯是红灯亮,那么停车。""如果交通指示灯是绿灯亮,那么行车。"当满足语句中的条件后,可以执行该规则的动作。

数据库(也被称为工作区)用于存储专家系统推理所需的各种事实或数据(图3-2)。这些事实可以是用户输入的,也可以是从外部系统或数据库中获取的。它们代表了系统当前的状态或环境信息。专家系统的推理过程通常将数据库中的事实与知识库中的规则进行匹配。数据库中的事实用于匹配规则中的前提条件,一旦匹配成功,规则就会被触发,并执行相应的动作。

推理引擎在系统中扮演着核心角色。推理引擎的主要任务之一是将数据库中的事实与知识库中的规则进行模式匹配。它检查数据库中的事实是否满足规则中的前提条件,从而确定是否应该触发或应用该规则。一旦推理引擎找到匹配的事实和规则,它将应用该规则并执行相应的动作或结论。这可能包括修改数据库中的事

图3-2 数据库示意图

实或触发其他规则。此外,推理引擎控制推理的过程和顺序。它可以选择使用正向推理(从已知事实出发,寻找可能的结果)或反向推理(从目标或假设出发,寻找支持该目标或假设的事实)。推理引擎还可以确定推理的深度(即应用多少层规则)和广度(即同时考虑多少条规则)。当多个规则都可以应用于同一组事实时,推理引擎需要解决冲突。它可以根据规则的优先级、权重或其他策略来确定哪个规则应该优先应用。推理引擎还可以生成关于推理过程的解释。当用户询问为什么得出某个结论时,推理引擎可以追溯推理的步骤和应用的规则,生成易于理解的解释。在某些情况下,推理引擎可能具有学习和适应的能力。它可以根据推理的结果和用户的反馈来修改规则或调整推理策略,以提高系统的性能。

基于规则的专家系统有许多优点。使用"前件-动作"陈述来表示知识规则对人类来说是非常自然的。同时,在基于规则的专家系统中,知识和推理是根据人们的日常习惯分别存储和处理的。但是,也有一些缺点阻碍了这种类型的专家系统的进一步发展。例如,当一个规则匹配一个条件时,语句的表达式必须严格按照数据库中的语句来编写,即使由于匹配的准确性要求而拒绝了相对细微的差异。

3.1.2 基于框架的专家系统

框架理论用于描述现实世界中的对象、事件和概念,以及它们之间的关系。基于框架的专家系统是一种采用框架理论来表示和组织知识的专家系统。

在基于框架的专家系统中,框架被用作知识表示的基本单元,用于捕获和组织复杂领域中的知识。框架是一种类似记录的结构,由一系列属性及其值组成,用于描述世界上的一个实体。一个框架由一组槽组成,每个槽表示对象的一个属性,槽值就是对象的属性值。一个槽还可以由若干个侧面组成,每个侧面可以有一个或多个值。一个框架可以由任意数量的槽组成,一个槽可以包括任意数量的面,一个面可以有任意数量的值。一本书的框架可如图3-3所示。

槽	槽值
书名	专家系统
出版社	××出版社
作者	××
ISBN	××××
出版年份	2023

图3-3 一本书的框架示例

在基于框架的专家系统中,知识库由表示问题领域知识的框架系统所组成。基于框架的专家系统通常采用槽填充和继承推理等推理机制。槽填充是通过将已知事实填充到框架的槽位中,来激活和实例化框架的过程。继承推理则是利用框架之间的继承关系,从父框架中继承属性和方法,从而推导出子框架的属性和方法。利用框架知识表示进行知识推理通常可以遵循以下步骤:

(1)框架匹配:将输入的问题或情况与已有的框架进行匹配,找到最相关的框架。这需要比较框架中的关键属性和特征。

(2)槽值提取:从匹配到的框架中提取相关槽值信息。

(3)继承和默认值处理:如果框架存在继承关系,需要根据继承规则获取上级框架的相关信息。对于未明确赋值的槽,可能需要使用默认值。

(4)约束检查:检查提取槽值是否满足框架中定义的约束条件。

(5)推理规则应用:基于框架中定义的推理规则和关系,进行进一步的推理和计算。

(6)结果生成:根据推理的结果,生成最终的结论或回答。

例如,在一个关于"动物"的框架系统中,"猫"的框架继承自"哺乳动物"的框架。当需要判断一只特定的猫是否健康时,首先匹配到"猫"的框架,提取体重、体温等槽值,检查是否满足"健康猫"的约束条件,并应用相关的推理规则(如体重在一定范围内、体温正常等),最终得出这只猫是否健康的结论。

框架系统允许以结构化的方式表示知识,这有助于捕获和表示现实世界中的复杂对象和概念。通过将知识分解为层次结构和相关组件,可以更容易理解、管理和扩展知识库。但框架系统相对复杂,开发人员需要花费一定的时间和精力去学习和理解框架的使用方法和内部原理。特别是对于新手来说,可能需要花费更多的时间去学习框架,这增加了开发的难度。

3.1.3 基于模糊逻辑的专家系统

1965年,美国控制论专家扎德首次提出了模糊集的概念,标志着模糊数学的诞生。这里的"模糊"是指事物的概念、边界或性质不具有明确的界定,具有一定的不确定性和模糊性。它们之间有一系列过渡状态,没有明显的分界线。模糊理论允许人们使用数学工具来处理现实世界中的非精确现象。在基于模糊逻辑的专家系统中,模糊逻辑(图3-4)是专家系统推理的基础。其推理方法以模糊规则为前提,并采用模糊语言规则进行推导。模糊语言规则包括广义模式和通用模式。

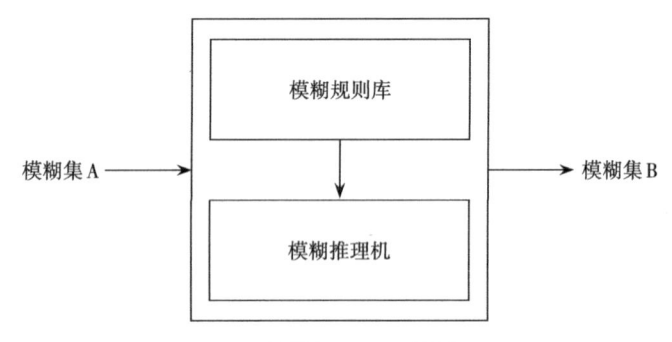

图 3-4 纯模糊逻辑系统结构图

3.1.4 基于神经网络的专家系统

神经网络或人工神经网络是一种模仿人脑神经网络结构和功能的计算模型。生物神经元的连接和工作是人工神经网络发展的基本动力。据估算,大脑有840亿个神经元,平均每个神经元约有7000个连接,这样的连接,使大脑成为地球上最复杂的结构。这种互连网络意味着一个神经元的激活可以影响大量其他神经元,产生大量的"开/关"模式。人工神经网络如图3-5所示,它由大量互相连接的结点（或称"神经元"）组成，每个结点都代表一个特定的输出函数，也称为激励函数。每两个结点间的连接代表一个加权值，称之为权重，这相当于人工神经网络的记忆。网络的输出则依网络的连接方式、权重值和激励函数的不同而不同。通过模拟人脑神经网络的结构和功能，可实现对复杂信息的处理和学习。最近，基于人工神经网络的"深度学习"技术成为人工智能领域研究的热点。

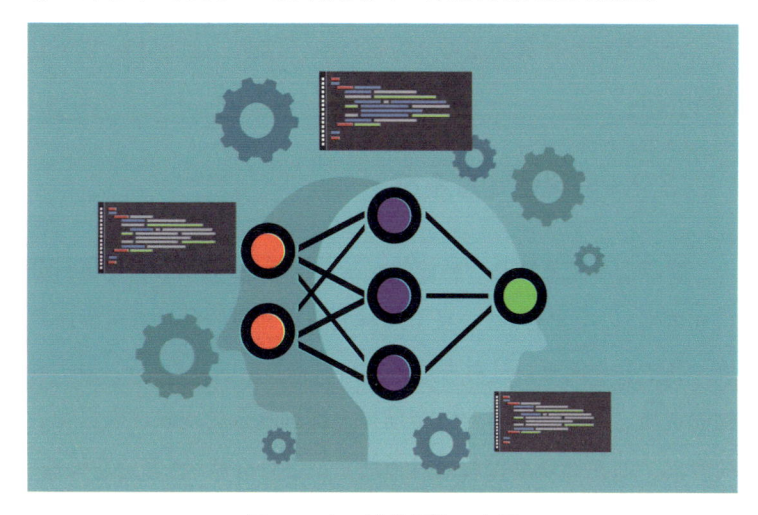

图3-5 人工神经网络示意图

神经网络模型与前述的逻辑系统有根本上的不同。在基于神经网络的专家系统中，知识不再通过人工处理转化为显式规则，而是通过学习算法自动获取，并产生自己的隐式规则。与传统的专家系统相比，基于神经网络的专家系统具有更强大的功能，它比传统的串行操作更高效，并且具有一定的容错能力。

但基于神经网络的专家系统也存在其固有的弱点，如系统的性能受到训练样本集的限制。在样本集选择不当或样本过少的情况下，神经网络的归纳推理能力很差。此外，神经网络无法解释自己的推理过程。

3.2 按任务类型分类

专家系统按任务类型可分为解释型、预测型、诊断型等，以下是具体介绍。

3.2.1 解释型专家系统

解释型专家系统是一种能够对给定的现象、数据或情况进行分析和解释，以给出合理的、易于理解的解释和说明的计算机程序系统。其主要功能是通过对大量相关知识和数据的分析处理，揭示事物的本质、关系和内在规律，帮助用户理解复杂的现象或数据背后的含义。如在地质勘探领域对地质数据进行分析，解释地质构造、矿产分布等情况；在气象领域对气象数据进行解读，解释天气现象的形成原因等。（图3-6）

如在20世纪60年代开发的Dendral系统，它可以帮助化学家分析有机化合物的分子结构，通过输入质谱仪数据，利用系统内置的化学知识和推理规则，生成可能的分子结构，提高了化学家进行结构分析的效率和准确性。

图3-6 专家系统用于地质勘探示意图

3.2.2 预测型专家系统

预测型专家系统能够依据现有数据和模型，对未来的事件、趋势或结果进行预测。常用于气象预报（图3-7）、经济预测、股票市场趋势分析等领域。

如华为云"智霁"以华为云盘古气象大模型为基础，融合区域高质量气象数据集，可快速提供特定区域未来5天且时间分辨率为1小时，空间分辨率为3公里的气温、降雨、风速等气象要素。该系统自试运行以来，已在多次冷空气过程的气温预报中为预报员提供了有价值的参考资料。

图3-7 天气预报专家系统示意图

3.2.3 诊断型专家系统

诊断型专家系统是一种基于知识和推理的智能计算机程序系统，它利用特定领域专家的专业知识和经验，结合相关的技术和数据，对特定对象(如设备、系统、生物体等)存在的问题或故障进行检测、分析、诊断，找出故障原因和部位，并给出相应的解决方案或建议。

如医疗诊断专家系统(图3-8)能够根据患者症状、检查结果等诊断疾病；汽车故障诊断专家系统能根据车辆故障表现判断故障部件和原因。

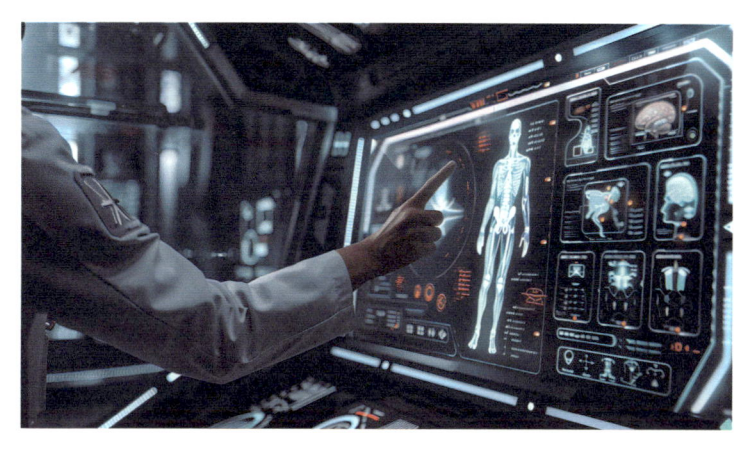

图3-8 医疗诊断专家系统示意图

3.3 按应用领域分类

专家系统按应用领域分类有以下一些主要的分类。

1. 医疗专家系统：该类专家系统可以辅助医生进行疾病诊断，提供基于患者症状和病史的诊断结果和治疗建议。医疗专家系统可以整合大量的医学知识和案例，为医生提供协助。

2. 金融分析专家系统：在金融分析工作中，该类专家系统可以评估投资风险、预测股票走势等。它们能够处理大量的财务数据，运用复杂的数学和统计模型为用户提供专业的投资建议。（图3-9）

图3-9 金融分析专家系统示意图

3. 法律专家系统：该类专家系统可以帮助法律工作者进行案例分析、法律文书审核等。系统通过访问大量的法律条文、案例数据等为用户提供法律解释和决策支持。

4.教育专家系统：该类专家系统可以根据学生的学习情况、兴趣和目标，提供个性化的学习建议和课程规划。教育专家系统可以评估学生的学习能力、知识掌握情况和学习风格，推荐适合的学习资源和路径。

5.科学研究专家系统：该类专家系统可以辅助科学家进行数据分析、模型构建和实验设计。它们可以处理复杂的科学数据，运用先进的统计和机器学习算法，以及对科学假设进行验证等。（图3-10）

图3-10 科学研究专家系统示意图

专家系统

第四章

基于规则的专家系统

20世纪70年代初,来自卡内基梅隆大学的赫伯特·西蒙和艾伦·纽厄尔(图4-1)提出了一种基于规则的专家系统的构建方式。基于规则的专家系统是早期的一种专家系统,系统使用规则作为知识表示,通过模仿人类专家的推理方式来解决问题。这类系统使用的规则是简单的因果关系逻辑,易于理解和修改。推理过程可以被完全追踪和解释,有助于用户理解系统的决策过程。基于规则的专家系统在医疗、金融等多个领域有广泛的应用。

图4-1 赫伯特·西蒙和艾伦·纽厄尔

4.1 基于规则的专家系统的重要性

专家系统作为人工智能的一个重要分支,其发展历程是人工智能从理论研究走向实际应用的关键一步。基于规则的专家系统通过模拟人类专家的知识运用和推理过程,解决了许多需要专家知识才能解决的复杂问题,从而推动了人工智能技术在各个领域的广泛应用。这一进程不仅增强了人工智能技术的实用性,也促进了相关领域的技术创新和进步。20世纪80年代是专家系统发展的黄金时期,这一时期涌现出了大量基于规则的专家系统的研究成果和实际应用案例。这些研究成果和实际应用案例通过明确的规则和逻辑进行推理,实现了对人类专家知识和经验的系统化、形式化表示和应用。在这一过程中,人们逐渐认识到人工智能技术的潜力和价值,开始更加积极地关注和支持人工智能技术的发展。同时,专家系统的成功应用也为其他类型的人工智能系统提供了有益的借鉴和参考,推动了整个人工智能领域的繁荣和发展。

基于规则的专家系统在人工智能发展的历史中占据了重要地位。它不仅推动了人工智能的实用化进程,奠定了专家系统发展的基础,还促进了知识表示和推理技术的发展,影响了多个领域和行业,并推动了人工智能技术的普及和认知。

4.2 基于规则的专家系统的结构

一个基于规则的专家系统的完整结构如图4-2所示,主要由以下几个部分构成:用户界面、专家界面、知识获取系统、知识库、推理引擎、数据库(工作区)以及解释模块。这些部分相互协作,使得基于规则的专家系统能够模拟专家的思维过程,为用户提供准确且有用的信息及解决方案。

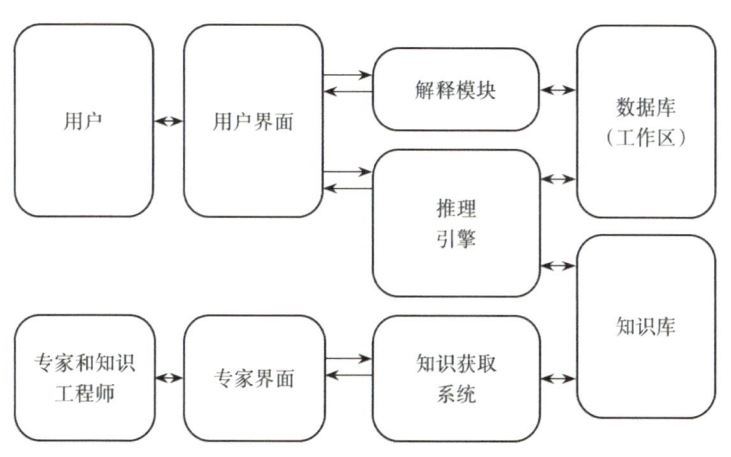

图4-2 一个基于规则的专家系统的完整结构

4.2.1 知识库

知识库包含理解和解决问题所需的知识,它是通过知识获取模块从人类专家那里获取的特定领域知识的仓库。事实性知识是任务领域中广泛共享的知识,通常可在教科书或期刊中找到。启发式知识是不太严谨的,甚至是经验性的,而且可能是主观性的。因此,专家系统知识库的知识大致可分为如下几种类型。

(1)程序性知识:这指的是与执行任务相关的步骤。例如,我们掌握的解决问题的步骤性信息,这就是程序性知识。

(2)事实性知识:这是教科书和期刊等资料中关于特定任务领域的被广泛共享的知识。

(3)启发式知识:与事实性知识相反,启发式知识不被广泛共享,不那么严谨,主要是个人主观性的,比如经验性的知识。启发式知识来源于实践和正确的判断。

在专家系统中有多种方法来表示知识,基于规则的专家系统采用一种基于规则的知识表示方法,即IF-THEN规则:

$$IF\ X\ THEN\ Y$$

系统利用产生式规则(IF-THEN规则)所代表的知识进行推理,如果规则的IF部分得到满足,推理就会继续,因此,THEN部分就是得出的结论,或解决问题的行动。当条件得到满足时,该规则就被"激活"。例如,如果患者体温高于38.5℃且伴有咳嗽症状,那么可能患有感冒。在基于规则的专家系统中,领域知识被表示为一组规则,每条规则指定一种关系、建议、指令、策略或启发式方法。

下面是在不同领域的一些规则示例:

(1)如果患者体温高于38.5℃且伴有咳嗽和乏力症状,那么有较大可能患上了感冒。

(2)如果客户信用评分<600,并且贷款申请金额>客户年收入×2,那么贷款审批被拒绝。

(3)如果气压持续下降,风速增大,并且云层增厚,那么很可能会有暴风雨来临。

(4)如果生产线上的温度传感器读数>设定的上限值,并且持续时间超过5分钟,那么触发报警,并启动冷却系统。

在基于规则的专家系统中,虽然主要依赖于明确的规则(IF-THEN规则)来进行推理,但在处理不完整和不确定的知识时,确实会引入概率等机制来表示知识的不确定性。这种做法有助于系统更准确地模拟现实世界的复杂性和不确定性。

在传统的基于规则的系统中,规则通常是确定的,即如果条件满足,就必然得出结论。但在现实情况中,规则的条件和结论之间的关系往往不是绝对的。通过对规则进行概率化,可以表示规则成立的可能性程度。例如"如果满足条件A,那么执行动作B的概率为P%"。这种概率化的规则允许系统在推理时考虑不同规则之间的置信度,从而更准确地反映现实情况。在给出推理结论时,系统可以不仅仅是给出一个确定的结果,还可以表示为一组带有概率的候选结论。例如,系统可能会给出"结论C的概率为70%,结论D的概率为30%"这样的结论,以反映结论的不确定性。例如:

(1)如果患者主诉有高热(体温≥39°C),伴有咳嗽、咳痰症状,并且肺部听诊有湿啰音,那么患上肺炎的可能性为80%。

(2)如果气压急剧下降,风向转变为东南风,并且湿度超过80%,那么在24小时内有30%的概率会有暴雨。

(3)如果市场利率上升,经济增长放缓,那么股票市场整体下跌的概率为45%。

需要注意的是,虽然概率等机制在表示知识不确定性方面具有重要作用,但它们也增加了系统的复杂性和计算成本。此外,概率等机制的引入还需要与专家系统的其他组成部分(如知识库、数据库、推理引擎等)进行集成,以确保其能够正确地处理概率信息并给出合理的推理结果。特别是推理引擎需要采用能够处理概率信息的算法,如贝叶斯网络、马尔可夫链等。

4.2.2 推理引擎

推理引擎是专家系统的大脑,是专家系统的核心组件之一,它负责根据已有的知识和规则,对输入的信息进行推理和分析,以得出结论或解决方案。推理引擎的主要功能包括:

(1)模式匹配:推理引擎将输入的事实或数据与知识库中的规则条件进行比较和匹配。它会逐一检查每条规则,看其条件是否在当前的输入信息中得到满足。

(2)冲突消解:当有多条规则的条件同时被满足时,就会产生冲突。推理引擎需要根据预定的冲突解决策略(如优先级排序、具体性原则等)来决定应用哪条规则。

(3)规则触发:一旦确定了要运用的规则,推理引擎就会触发该规则并执行。

(4)执行动作:被触发的规则可能包含一系列动作,例如得出结论、修改工作内存中的数据、调用其他函数或触发新的规则。

(5)循环推理:推理引擎会不断重复上述过程,直到没有新的规则可以被触发,或者达到了预先设定的终止条件,这个过程如图4-3所示。

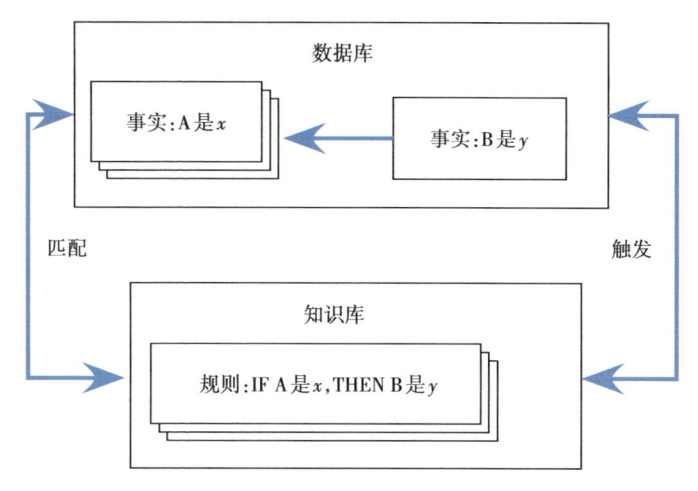

图 4-3 推理引擎匹配-触发循环示例

在基于规则的专家系统中,推理链是将规则 IF 部分与事实(数据)进行比较的结果。推理链代表专家系统如何应用规则得出结论。下面,我们以一个简单的案例来说明推理链的有效性。假设数据库中有五个事实 A、B、C、D 和 E,知识库中有三条规则,其中,X、Y、Z 为新的事实。

规则1:如果 Y 为真

且 D 为真

则 Z 为真

规则2:如果 X 为真

且 B 为真

且 E 为真

则 Y 为真

规则3:如果 A 为真

则 X 为真

图4-4中的推理链描述了专家系统如何利用规则从事实A推导出事实Z。要从已知事实A推导出新的事实X,首先必须激活规则3。然后,利用规则2从一开始了解到的事实B和E以及已经确定的事实X推导出事实Y,最后将事实D和Y用规则1,得出结论Z。

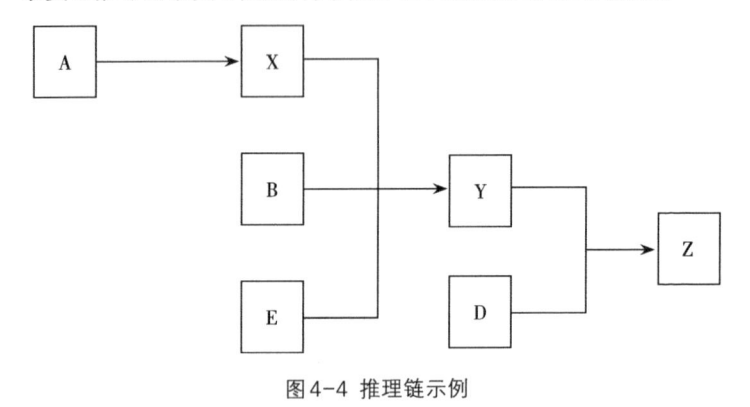

图4-4 推理链示例

推理引擎的工作方式可以是正向推理(从已知的事实出发,推导出结论)、反向推理(先提出假设,然后寻找支持假设的证据)或混合推理(结合正向和反向推理)。

一、正向推理

正向推理如图4-5所示,从可用的数据开始,并使用推理规则得出更多的数据,直到达到预期目标。使用正向推理的推理引擎会搜索推理规则,直到找到一个已知IF子句为真的推理规则。然后,它结束该子句,并将这些信息添加到其数据中。然后继续这样做,直到达到某个目标。因为可用的数据决定了能使用哪些推理规则,所以这种方法也被称为"数据驱动"。

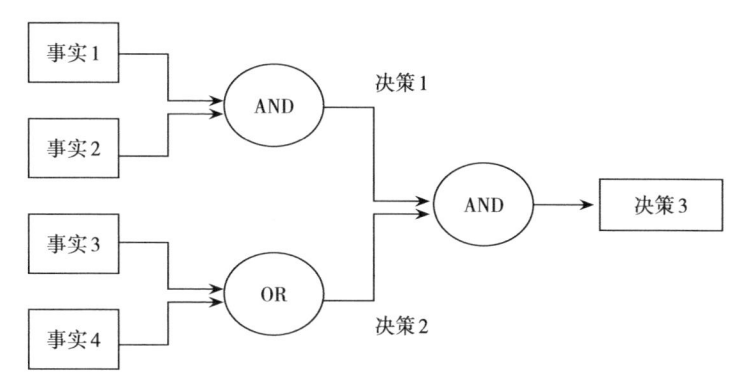

图 4-5 正向推理示例

正向推理的工作原理:给定数据库(工作区)中的一组事实,使用这些规则来生成新的事实,直至达到预期的目标。

正向推理步骤如下:

(1)将每个规则中的 IF 部分与数据库中的事实相匹配。

(2)如果可以使用多个规则(如已触发多个规则),则使用冲突解决方案选择应用哪个规则。

(3)应用规则:如果获得了新的事实,则将它们添加到数据库中。

(4)当结论添加到数据库中或有指定结束进程的规则时,停止或退出程序。

假设我们有一个简单的医疗诊断专家系统,知识库中有以下规则:

规则 1:IF 患者有咳嗽症状 AND 体温高于 38℃ THEN 患者可能患有肺炎

规则 2:IF 患者可能患有肺炎 THEN 建议进行胸部 X 射线检查

输入的患者信息为：患者有咳嗽症状，体温为39℃。这些事实将首先存储在数据库中。

推理过程如下：

首先，推理引擎将输入的患者信息与规则1的条件进行匹配，发现患者有咳嗽症状且体温高于38℃，满足规则1的条件，得出"患者可能患有肺炎"的结论。其次，由于得出了患者可能患有肺炎的结论，推理引擎继续将这个结论与规则2的条件进行匹配，发现满足规则2的条件，从而得出"建议进行胸部X射线检查"的最终建议。

二、反向推理

反向推理（目标驱动推理、逆向推理）如图4-6所示，从一个目标列表开始，然后向后工作，看看是否有数据可以允许它完成这些目标。使用反向推理的推理引擎将搜索推理规则，直到找到一个与期望目标匹配的推理规则。反向推理是"目标驱动"的。

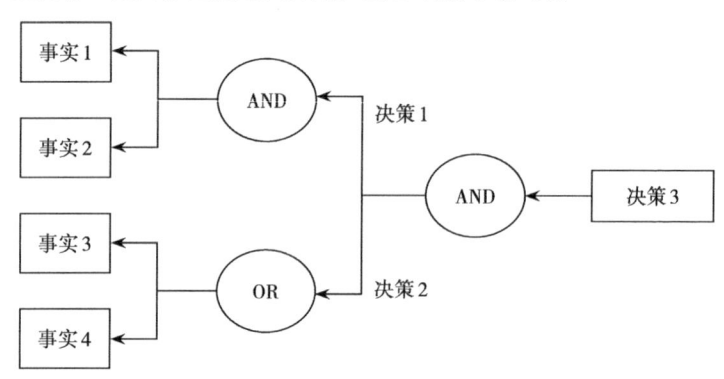

图 4-6 反向推理示例

反向推理的工作原理如下：

从假设的目标反向工作，试图通过将目标与初始事实连接起来证明它。

推理引擎必须遵循以下步骤：

(1)选择结论与目标相匹配的规则。

(2)用规则的前提取代目标,这些将成为子目标。

(3)逆向工作,直到所有的子目标都是真实的,则说明目标是可以实现的。

以下是一个反向推理的具体例子：

假设有一个故障诊断专家系统,用于诊断汽车发动机的问题。知识库中的规则如下：

规则1:IF　火花塞损坏　THEN　发动机无法启动

规则2:IF　燃油泵故障　THEN　发动机无法启动

规则3:IF　电池电量耗尽　THEN　发动机无法启动

假设我们要诊断一辆无法启动的汽车的故障,反向推理过程如下。

首先,我们的目标是解释"发动机无法启动"这个现象。然后,推理引擎会依次检查可能导致发动机无法启动的规则。先看规则1,如果要确定是不是火花塞损坏,就会进一步检查火花塞的相关信息,比如火花塞的电极状态、是否有积碳等。如果这些检查表明火花塞正常,就排除这条规则。接着看规则2,可以通过检测燃油压力等方式,检查燃油泵是否有故障。如果燃油泵正常,就排除这条规则。再看规则3,检查电池电量,比如测量电池电压。如果电池电量充足,就排除这条规则。如果经过检查,发现是电池电量耗尽导致了发动机无法启动,就找到了故障原因。

三、混合推理

专家系统中的混合推理,也称为双向推理或混合演绎推理,是专家系统推理机制中的一种重要方式。它结合了正向推理(或称前向推理、数据驱动推理)和反向推理(或称逆向推理、目标驱动推理)的优点,以期在求解问题时达到更高的效率和准确性。正向推理从已知事实或条件出发,逐步应用规则推导出结论;而反向推理则从目标结论或假设出发,逆向搜索所需的条件或事实。混合推理将这两种方式有机结合,以期在推理过程中找到最佳的求解路径。

混合推理的实现方式如下:

(1)推理任务分解:将复杂的推理任务分解为多个子任务,分别采用正向推理和反向推理进行处理。这样可以降低推理的复杂度,提高推理的灵活性。

(2)假设生成与验证:在混合推理中,通常会先通过正向推理生成一系列可能的假设或结论,然后利用反向推理对这些假设进行验证。如果某个假设能够通过反向推理得到支持,那么该假设就可能成为问题的解。

(3)推理过程优化:混合推理还可以根据推理过程中获取的新信息,动态调整推理策略和方向。例如,在正向推理过程中发现新的线索或条件时,可以及时调整反向推理的搜索路径,反之亦然。

假设我们有一个农业灌溉专家系统,其知识库包含以下规则:

规则1:IF 土壤湿度低于30% AND 天气预报未来一周无雨 THEN 建议开启灌溉系统

规则2:IF 农作物处于开花期 AND 土壤酸碱度不在6—7之间 THEN 建议调整土壤酸碱度

规则3:IF 灌溉系统已开启超过2小时 AND 土壤湿度达到60% THEN 关闭灌溉系统

首先进行正向推理:输入当前的土壤湿度为25%,且天气预报未来一周无雨。推理引擎通过模式匹配,发现满足规则1的条件,得出"建议开启灌溉系统"结论。然后进行反向推理:在开启灌溉系统一段时间后,系统监测到土壤湿度达到50%,但还未达到60%。此时,为了确定是否继续灌溉,反向推理检查规则3的条件是否满足。通过计算和预测,估计按照当前灌溉速度,再过1小时土壤湿度能达到60%,所以决定继续灌溉。这就是一个混合了正向推理和反向推理的过程,根据不同的情况和需求,灵活运用两种推理方式来得出更准确和有效的决策。

4.2.3 解释模块

解释模块是一个解释系统操作行为的子系统,解释最终或中间解决方案是如何得出的,以及说明需要额外数据的理由。在这里,解释模块能够记录并呈现专家系统在推理过程中所依据的规则序列,从而让用户了解系统是如何根据这些规则得出最终结论的。当用户对系统的推理结果有疑问时,解释模块能够根据用户的要求提供详细的推理过程。这有助于用户理解系统为何做出这样的决策,使用户能够信任系统的决策过程。此外,当系统出现错误或异常行为时,解释模块提供的推理过程信息可以帮助开发人员快速定位问题,从而进行系统调试和修复。在知识库的完善过程中,解释模块便于专家或知识工程师发现和定位知识库中的错误,从而进行修正和优化。对于专业人员或初学者来说,解释模块能够让他们从问题的求解过程中了解专家系统的推理机制和工作原理。

4.2.4 数据库(工作区)

数据库是一个事实的集合,它用于存储执行推理所需的数据。这些事实可以是从外部数据源获取的信息,也可以是用户直接输入的数据。在推理过程中,数据库中的事实可能会随着推理的进行而发生变化。推理引擎会根据规则库中的规则,对数据库中的事实进行匹配、修改或添加新的事实。数据库与推理引擎之间有着密切的交互。推理引擎会从数据库中读取事实,并使用这些事实与规则库中的规则进行匹配。一旦找到匹配的规则,推理引擎会执行相应的动作,并可能将结果反馈到数据库,以更新或添加新的事实。数据库通过存储和更新事实,为推理引擎提供必要的支持。推理引擎依赖于数据库中的事实来进行推理,因此数据库的准确性和完整性对推理结果的正确性至关重要。在某些情况下,推理引擎可能会同时激活多个规则,导致冲突。此时,数据库中的事实可以帮助推理引擎判断哪些规则应该优先执行,或者通过调整事实的优先级来解决冲突。在推理完成后,数据库中的事实可能包含了推理结果。这些结果可以通过用户接口或其他方式呈现给用户,以便用户了解推理过程和结果。

4.2.5 知识获取

知识获取是指将领域专家的知识、经验或数据从原始形式转换为计算机可理解的形式,并存储到专家系统的知识库中(图4-7)。这一过程是建立专家系统知识库的前提条件,也是实现知识表示的基础。知识获取的成功与否直接关系到专家系统的性能和效果。知识源包括人类专家、教科书、数据库及人本身的经验等。通常,知识源的知识并不以一种现成的表示形式而存在。因此,作为知识获取主体的知识工程师不得不通过自己的努力来抽取和表示所需要的知识。专家系统的知识获取主要有以下几种途径：人工获取，自动获取以及半自动获取。

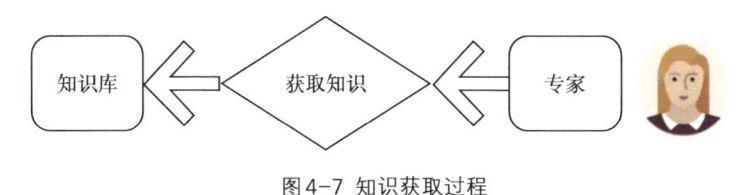

图 4-7 知识获取过程

一、人工获取

面谈法：与特定领域专家进行面对面的交流和访谈。通过精心设计的问题，引导专家分享他们的专业知识、经验、判断和解决问题的策略。

观察法：直接观察特定领域专家在实际工作中的操作和决策过程，记录他们的行为和思考方式，从而获取有用的知识。

问卷调查：设计详细的问卷，分发给特定领域的多个专家，搜集他们对特定问题的看法、经验和知识。

文档分析法：研究和分析与特定领域相关的文献、报告、技术手册、操作指南等资料，并从中提取有价值的知识。

案例分析：对过去的成功或失败案例进行深入剖析，总结其中的经验教训和关键知识。

群体讨论：组织特定领域专家进行小组讨论或召开研讨会，促进知识的交流和碰撞，获取共识性的知识。

二、自动获取

自动获取方式通常依赖于机器学习、自然语言处理等技术,从大量数据中自动提取和生成知识。这种方式可以大大提高知识获取的效率,但也可能存在准确性和可靠性方面的问题。

三、半自动获取

半自动获取方式结合了人工和自动两种方法的优点,通过人机交互的方式进行知识获取。例如,系统可以通过自然语言交互方式与特定领域专家进行对话,以获取知识并形成规则。同时,系统还可以对获取的知识进行一定程度的自动处理和分析。使用专门的知识编辑软件或工具,辅助知识工程师将获取的知识进行整理、组织和形式化表示。

在知识获取过程中,可能会面临以下挑战:

(1)知识的不确定性:知识往往存在不确定性和模糊性,难以用精确的形式表示。为了解决这个问题,可以采用概率表示法、模糊逻辑等方法来表示和处理不确定性知识。

(2)知识的隐性特性:许多领域专家的知识是隐性的、直觉性的,难以清晰表达和准确传递,导致获取困难。

(3)知识的复杂性和多样性:领域知识可能涉及多个方面和层次,且表现形式多样。为了应对这一挑战,需要采用多种知识表示方法和技术来构建知识库。

(4)知识获取的效率和准确性:在追求知识获取效率的同时,也需要保证获取知识的准确性和可靠性。这需要采用合适的知识获取方法和工具,并进行大量的验证工作。

（5）隐私和安全问题：某些知识涉及敏感信息，在获取过程中需要确保合规性和安全性。

为了克服这些挑战并成功实现知识获取，可以采取以下解决方案：

（1）采用启发式方法和引导式访谈：通过精心设计的问题和场景，激发特定领域专家分享隐性知识，帮助他们将直觉性的知识转化为可表达的形式。

（2）建立有效的激励机制：提高专家的合作意愿，例如给予荣誉、奖励或者将知识成果与专家的职业发展挂钩。

（3）开发知识融合算法和规则：用于解决多源知识的冲突和不一致，建立统一的知识框架和标准。

（4）培训知识获取人员的跨文化沟通能力：使用标准化的术语和定义，减少语言和文化带来的误解。

（5）遵循严格的法律法规和伦理准则：在获取涉及隐私和敏感信息的知识时，采取加密、匿名化等技术手段确保安全。

通过综合运用这些解决方案，可以在一定程度上应对知识获取过程中的挑战，提高知识获取的效率和质量。

4.2.6 用户界面

在专家系统中，用户界面（图4-8）是用户与系统进行交互的桥梁，用户界面的职责也包括将规则从其内部表示（用户可能无法理解）转换为用户可理解的形式。此外，参与系统开发的人员包括领域专家、用户、知识工程师和系统维护人员通过用户界面进行工作。因此，其设计的优劣直接影响用户的使用体验和系统的实用性。一个良好的专家系统用户界面通常具有以下特点：简洁直观，界面布局清晰,操作简单易懂,避免复杂的菜单结构和过多的技术术语,使用户能够轻松上手。

(1)信息展示清晰:以易于理解的方式呈现系统的输出结果、建议和解释,例如使用图表、图形、清晰的文字描述等。

(2)输入便捷:提供方便的输入方式,如文本框、下拉菜单、单选按钮等,确保用户能够快速准确地输入问题和数据。

(3)反馈及时:在用户操作后,系统能够迅速给出响应和反馈,让用户知道系统正在处理其请求。

(4)错误处理友好:当用户输入错误或不完整的信息时,界面能够给出清晰的错误提示,并引导用户进行正确的输入。

(5)可定制性:允许用户根据自己的需求和偏好,对界面的显示内容、布局等进行一定程度的定制。

(6)帮助和文档支持:提供详细的帮助文档和操作指南,方便用户在遇到问题时查阅。

(7)适应性:能够适应不同的设备和屏幕尺寸,提供良好的移动端和桌面端体验。

图4-8 用户界面示意图

通过精心设计用户界面，可以提高用户与专家系统的交互效率，增强用户对系统的信任度和满意度，从而更好地发挥专家系统的作用。

4.3 冲突解决

在前面的内容中,我们设计了过马路的两个简单规则。现在让我们增加第三条规则。我们将得到以下一套规则:

规则1:

如果交通灯是绿色的

那么行动就开始

规则2:

如果交通灯是红色的

那么行动将被停止

规则3:

如果交通灯是红色的

那么行动就开始

现在,我们来看看将会发生什么?推理引擎将规则的条件部分与数据库中可用的数据进行比较,当条件满足时,规则将被设置为触发。触发一条规则可能会影响其他规则的激活,因此推理引擎一次只允许触发一条规则。在我们的道路交叉示例中,规则2和规则3,具有相同的前件部分。因此,当条件部分满足时,两者都可以置为触发。这些规则表现出一个冲突集。推理引擎必须确定从这样一个集合中触发哪个规则。当在一个给定的周期中可以触发多个规则时,选择触发规则的方法即冲突解决。

我们如何才能解决一个冲突呢?下面介绍几种常见的方法。

1. 专一性排序

如果一条规则的条件部分比另一条规则更具体,即它所涵盖的情况更窄、更特殊,那么就优先使用这条更专一的规则。

如在一个医疗诊断专家系统中,有规则 R1:如果患者有咳嗽、发热症状,那么可能是感冒;规则 R2:如果患者有咳嗽、发热、流涕症状,且淋巴细胞计数正常,那么可能是病毒性感冒。当一个患者出现咳嗽、发热、流涕症状,且淋巴细胞计数正常时,R2 比 R1 更具体,系统会优先触发 R2。

2. 规则排序

按照规则预先定义的顺序来决定执行哪个规则。这种顺序通常是根据领域专家的经验或者规则的重要性来确定的。

如在一个工业故障诊断专家系统中,规则 R1 是关于关键设备温度过高的处理,规则 R2 是关于设备噪音异常的处理。由于温度过高可能导致更严重的后果,所以将 R1 排在 R2 前面。当同时检测到温度过高和噪音异常时,系统会先执行 R1。

3. 数据排序

根据规则所使用的数据的重要性、新鲜度或其他相关属性来排序。例如,最新获取的数据可能具有更高的优先级,或者与关键问题相关的数据所对应的规则优先执行。

如在一个金融风险评估专家系统中,有规则 R1 基于近期的财务报表数据评估风险,规则 R2 基于历史的信用记录评估风险。如果有最新的财务报表数据,由于其更能反映当前情况,与新数据相关的规则R1会优先于R2被执行。

4. 可信度排序

为每个规则赋予一个可信度因子,当多个规则冲突时,优先选择可信度因子高的规则。可信度因子通常是根据专家经验或历史数据统计来确定的。

如在一个气象预测专家系统中,规则R1预测明天有70%的概率会下雨,规则R2预测明天有40%的概率是多云。如果R1的可信度因子更高,则系统会优先采用R1的预测结果。

5. 上下文限制

根据当前问题的上下文或环境信息来决定使用哪个规则。例如,在不同的应用场景或特定的条件下,某些规则可能更适用。

如在一个机器人导航专家系统中,当机器人处于室内环境时,有一套规则用于引导它避开障碍物和寻找目标;当机器人处于室外环境时,有另一套不同的规则。如果机器人当前处于室内,那么与室内环境相关的规则将被优先使用。

4.4 基于规则的专家系统的优缺点

4.4.1 基于规则的专家系统的优点

基于规则的专家系统在多个领域得到广泛应用,以下是基于规则的专家系统的主要优点。

第一,基于规则的专家系统的知识表达方式易于理解。专家系统采用自然语言或接近自然语言的方式来表达规则,这种表达方式与人类专家思考和解决问题的方式相吻合,使得规则易于理解和维护。人类专家在解释解决问题的过程时,通常会使用"在这样的情况下,我会这样做"的表达方式。这种表达可以很自然地表示为IF-THEN 规则。这种表示方式具有统一的结构,规则库中的规则相互之间保持独立,这种结构使得系统易于扩展和维护。统一的规则表示结构还有助于实现规则之间的共享和重用,提高系统的灵活性和可重用性。规则可以被仔细检查和验证,确保其准确性和合理性。

第二,基于规则的专家系统采用了将知识与其处理相分离的结构,即将知识库与推理引擎分开。

这种分离使得知识的更新和修改不会影响到推理引擎的运行,从而降低了系统的维护成本。同时,知识与处理的分离也便于领域专家参与系统的知识更新和维护工作,而不需要具备编程技能。此外,这种分离使得可以使用相同的专家系统外壳开发不同的应用程序。

第三，基于规则的专家系统按照既定的规则进行推理，结果具有较高的确定性和一致性。基于规则的专家系统具有处理不完整和不确定的知识的能力。通过引入概率等机制来表示知识的不确定性，从而在处理复杂问题时更具鲁棒性。

第四，基于规则的专家系统能够利用启发性知识来指导推理过程，提高推理的效率和准确性。启发性知识通常来源于行业专家的经验和直觉，通过将这些知识转化为规则并嵌入系统中，可以使得系统更加智能化。

4.4.2 基于规则的专家系统的缺点

基于规则的专家系统虽然在多个领域得到了广泛应用。然而，这种系统也存在一些显著的缺点，主要有如下缺点。

第一，基于规则的专家系统依赖于明确且详尽的规则库来模拟专家的决策过程。这要求开发者必须深入理解领域知识，并准确地将其转化为可执行的规则。随着领域复杂性的增加，规则的数量也会急剧上升，使得知识库的构建和维护变得异常复杂。

第二，当规则库中的规则数量较多时，系统的推理过程可能会变得非常耗时。尤其是在处理复杂问题时，系统可能需要遍历大量的规则才能找到匹配的解决方案，这大大降低了系统的实时性和响应速度。因此基于规则的大型系统可能不适合实时应用。

第三，基于规则的专家系统一般不具备从经验中学习的能力。人类专家知道何时"打破常规"，而专家系统则不同，它不能自动修改其知识库，或自动调整其知识库，或调整现有规则或添加新规则，而必须依赖于知识工程师的修订和维护。

4.5 MYCIN系统

MYCIN系统是斯坦福大学在20世纪70年代早期至中期开发的决策支持系统，采用了LISP语言编写，主要用于帮助医生对血液感染患者进行诊断和选用抗生素类药物。该专家系统会提出一系列问题，旨在模仿血液感染领域专家的思维方式，并根据对这些问题列出可能的诊断结果，同时提出治疗建议。"MYCIN"这个名字实际上来自抗生素，许多抗生素的英文名字后缀都是"-mycin"。

4.5.1 MYCIN系统功能

MYCIN系统主要应用于血液感染领域，特别是针对败血病、脑膜炎等严重感染性疾病的诊断和治疗。

MYCIN系统主要功能如下。

1.诊断功能

MYCIN系统通过搜集患者的病史、病症、化验结果等原始数据，运用医疗专家的知识库进行推理分析，以找出导致感染的细菌种类。如果感染是由多种细菌引起的，系统还会用0到1的数字给出患者感染某种细菌的可能性，为医生提供更为准确的诊断依据。

2.协助治疗功能

在诊断的基础上，MYCIN系统会根据数据库中的药理数据，为医生提供针对这些细菌的治疗方案。系统所给出的抗生素剂量会根据患者的体重、年龄等进行调整，以确保治疗的安全性和有效性。

此外，该系统还可以用于其他感染性疾病的诊断和治疗，为医生提供有力的辅助决策支持。

4.5.2 MYCIN系统结构

MYCIN系统的基本结构如图4-9所示。

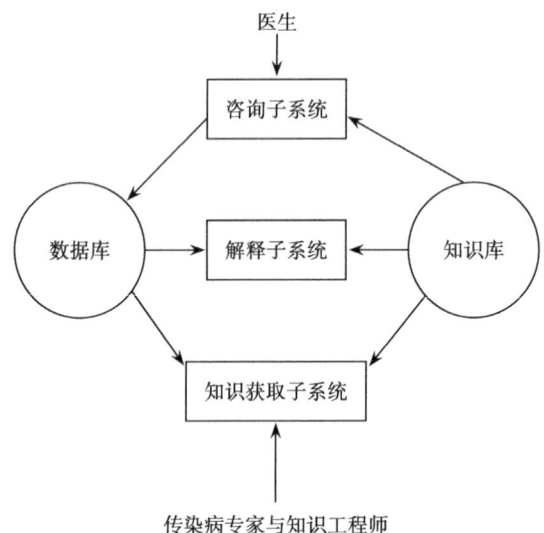

图4-9 MYCIN系统的基本结构

MYCIN系统由两个主要部分组成。

1.知识库：存储专家系统"知道"的信息，其中大部分信息来自知识库中的其他信息。

2.推理引擎:从知识库中现有的知识中推导出新知识。

MYCIN系统的知识库包括通过对相关医生的广泛访谈获得的约600条规则。这些规则代表了临床医生在诊断疑难感染性疾病时常用的经验。例如,这些规则将病人的症状和检查结果与造成感染的细菌联系起来。其他规则将细菌类型与最佳抗生素疗法联系起来。它的知识库所表示的知识是一组具有特定可信度的IF-THEN规则。例如:

IF　　感染为原发性菌血症
AND　　培养场所是无菌场所之一
AND　　疑似入口为胃肠道
THEN　　有提示性证据(0.7)表明感染是细菌性的

MYCIN系统的推理引擎使用了反向推理式搜索的技术,包括从感染假设开始,然后逆向搜集证据,以证明或推翻假设,并确定细菌的类别。系统会提出一系列"是/否"问题,搜集有关病人感染的情况。MYCIN系统能够处理不确定性信息,例如,对于某个症状与某种疾病之间的关联程度,不是简单的"是"或"否",而是用一个数值来表示其确定性的程度。MICIN系统还能够综合多个不同来源的证据和信息,通过一定的算法和规则来得出最终的诊断结论。

4.5.3 MYCIN系统工作模式

MYCIN系统主要有两种工作模式:咨询模式与解释模式。

一、咨询模式

在咨询模式下,系统与用户(医生等)进行交互以诊断疾病并提出治疗建议。具体过程如下：

1. 系统首先向用户询问患者的症状、体征以及实验室检查结果等信息。例如，会询问患者是否有发热、咳嗽、呼吸困难等症状，以及血常规、生化检查等结果。

2. 用户输入相关信息后，系统根据这些信息利用知识库中的规则和知识，对各种可能的疾病进行判断和排除。

3. 经过一系列的推理过程，系统给出诊断结果，包括可能的疾病以及其可信度。同时，系统还会根据诊断结果提出相应的治疗建议，如推荐使用的药物、治疗方案等。

假设一位患者因咳嗽、发热、头痛等症状前来就诊。在咨询模式下，MYCIN系统会向医生询问一系列问题：

"患者体温是多少？"

"是否有咳痰？如果有，痰液的颜色和性状是怎样的？"

"近期是否有接触过传染病患者？"

"是否做过血常规检查？白细胞计数是多少？"

医生根据实际情况回答这些问题后，系统开始进行推理。如果患者体温较高、有黄色浓痰、白细胞计数升高，则细菌感染的可能性较大，可能是肺炎等疾病。然后系统会给出诊断结果，例如："可能患有细菌性肺炎，可信度为80%。"同时，系统会提出治疗建议："建议使用抗生素治疗，如头孢类药物，并注意休息，多喝水。"

二、解释模式

解释模式主要用于向用户解释系统的推理过程和决策依据。具体过程为：

1.当用户对系统给出的诊断结果或治疗建议有疑问时,可以要求系统进行解释。

2.系统会详细说明得出某个结论的推理步骤。例如,说明为什么认为某种疾病的可能性较大,是基于哪些症状和检查结果做出的判断。

3.解释模式可以帮助用户更好地理解系统的工作原理,增加对系统建议的信任度,同时也有助于用户学习和提高医疗诊断水平。

如当医生对MYCIN系统给出的诊断结果和治疗建议存在疑问时,医生可以询问系统:"为什么认为是细菌性肺炎而不是病毒性感冒呢?"

在解释模式下,系统会进行如下解释:"患者的高热症状、黄色浓痰以及白细胞计数升高这些特征,符合细菌性感染的表现。而病毒性感冒通常体温相对较低,痰液较清稀,且白细胞计数一般正常或偏低。综合这些因素,患上细菌性肺炎的可能性较大。对于治疗建议使用头孢类药物,是因为这类抗生素对常见的引起肺炎的细菌有较好的抗菌效果。同时,注意休息和多喝水有助于提高患者的免疫力,促进身体恢复。"

4.5.4 MYCIN系统特点

MYCIN系统是一个用于医疗诊断的专家系统,具有以下特点。

一、知识表示方面

1.产生式规则表示

MYCIN系统采用产生式规则来表示医学知识。产生式规则的形式为"如果……那么……",这种表示方式直观易懂,方便医学专家将自己的知识和经验转化为计算机可处理的形式。例如,"如果患者有发热症状且白细胞计数升高,那么可能存在感染。"

产生式规则可以灵活地组合和修改,便于更新和维护。当新的医学知识出现时,可以方便添加新的规则或修改现有规则,以适应不断变化的医疗环境。

2. 不确定性表示

在医疗诊断中,很多信息都是不确定的。MYCIN系统能够处理不确定性知识,通过给每个规则赋予一定的可信度因子来表示规则的不确定性程度。可信度因子的取值范围为-1到1,其中正数表示支持结论的程度,负数表示反对结论的程度,0表示不确定。

例如,一条规则"如果患者有咳嗽症状且有胸痛,那么可能患有肺炎,可信度因子为0.7",表示当患者出现咳嗽和胸痛症状时,患有肺炎的可能性为70%。这种不确定性表示方法使得系统的诊断结果更加客观和准确。

二、推理机制方面

1. 反向推理

MYCIN系统采用反向推理策略,也称为目标驱动推理。这种推理方式从诊断目标出发,逐步寻找支持目标的证据。首先假设患者可能患有某种疾病,然后根据产生式规则,寻找能够支持该假设的症状和体征。如果找到足够的证据支持假设,则诊断成立;如果找不到足够的证据,则排除该假设,继续寻找其他可能的疾病。

反向推理可以有效减少推理的盲目性,提高诊断效率。例如,当系统要诊断患者是否患有肺炎时,首先假设患者患有肺炎,然后根据规则寻找患者是否有发热、咳嗽、胸痛等症状,如果这些症状都存在,且可信度因子较高,那么就可以初步诊断患者患有肺炎。

2. 不确定性推理

由于医学知识的不确定性,MYCIN系统在推理过程中需要进行不确定性推理。系统根据规则的可信度因子和证据的可信度,计算出结论的可信度。当多个规则支持同一个结论时,系统将采用某种合并算法,如加权平均法,来计算结论的综合可信度。

例如,有两条规则都支持患者患有某种疾病,一条规则的可信度因子为0.6,另一条规则的可信度因子为0.7,且证据的可信度分别为0.8和0.9。那么,通过加权平均法计算出该疾病的综合可信度为$(0.6×0.8+0.7×0.9)÷(0.8+0.9)≈0.65$。这种不确定性推理方法使得系统的诊断结果更加符合实际情况。

三、人机交互方面

1. 自然语言交互

MYCIN系统能够与用户进行自然语言交互,用户可以用自然语言输入患者的症状、体征等信息,系统也会用自然语言输出诊断结果和解释。这种交互方式方便了用户的使用,提高了系统的易用性。

例如,用户输入:"患者有发热、咳嗽、胸痛症状。"系统输出:"可能患有肺炎,可信度为0.7。原因是患者有发热、咳嗽、胸痛等症状,符合肺炎的常见表现。"

2.解释功能

MYCIN系统具有解释功能,能够向用户解释诊断结果产生的依据和推理过程。当用户对诊断结果有疑问时,可以要求系统给出解释。系统会根据产生式规则和推理过程,向用户说明为什么得出这样的诊断结果。

例如,用户对系统诊断的肺炎结果有疑问,系统会解释"根据患者的发热、咳嗽、胸痛症状,以及相关的医学知识,我们认为患者可能患有肺炎。具体的推理过程是:首先,根据规则'如果患者有发热症状且白细胞计数升高,那么可能存在感染',患者有发热症状,我们假设可能存在感染;然后,根据规则'如果患者有咳嗽症状且有胸痛,那么可能患有肺炎',患者有咳嗽和胸痛症状,结合之前的感染假设,我们得出可能患有肺炎的结论。可信度为0.7,是根据规则的可信度因子和证据的可信度计算得出的"。这种解释功能增强了用户对系统的信任度和接受度。

四、应用价值方面

1.辅助医疗诊断

MYCIN系统可以为医生提供辅助诊断,帮助他们快速准确地做出诊断决策。系统可以根据医学知识和患者信息,提供多个可能的诊断结果,并给出每个结果的可信度,为医学专家提供参考。

例如,在一些复杂病例中,医学专家可能难以确定患者的病因,这时可以借助MYCIN系统进行分析和诊断。系统可以根据患者的症状、体征、实验室检查结果等信息,给出可能的疾病诊断,并解释诊断的依据和推理过程,帮助医生做出更准确的诊断决策。

2.医学教育和培训

MYCIN系统可以作为医学教育和培训的工具,帮助医学院学生和相关从业者学习医学知识和诊断技能。系统可以模拟真实的医疗诊断场景,让用户输入患者的信息,然后给出诊断结果和解释,让用户了解诊断的过程和方法。

例如,在医学教育中,可以使用MYCIN系统进行案例教学,让学生分析系统给出的诊断结果,讨论诊断的依据和推理过程,提高学生的临床思维能力和诊断技能。

3.医疗质量控制

MYCIN系统可以用于医疗质量控制,对医疗诊断过程进行监督和评估。系统可以记录医生的诊断过程和结果,与标准的诊断流程和结果进行比较,发现问题并及时纠正,提高医疗质量和安全性。

例如,在医院管理中,可以使用MYCIN系统对医生的诊断行为进行监测和分析,发现诊断错误或不规范的行为,及时进行培训和纠正,提高医院的整体医疗水平。

斯坦福大学的研究人员发现,MYCIN系统对感染性疾病诊断的准确率约为65%,比大多数非感染专业方面的医生的诊断准确率还要高,仅略逊于该领域的专家(他们对此类疾病诊断的平均准确率约为80%)。

五、应用效果

MYCIN系统在医疗领域具有多方面的应用效果表现。

1. 诊断准确性方面

(1) 较高的诊断能力

对于住院的血液感染患者，MYCIN系统能够依据患者的病史、症状和化验结果等信息，利用其知识库中的规则进行逆向推理，找出导致感染的细菌，展现出了较好的诊断能力。例如，对于一些较为典型的血液感染病例，系统可以准确地分析出可能的致病菌，为医生提供有价值的诊断参考。

(2) 提供可能性分析

如果存在多种可能的细菌感染，系统会用0到1的数字给出每种细菌感染的可能性，这种方式可以帮助医生更全面地考虑各种潜在的感染因素，避免遗漏一些不太常见但有可能的致病菌，从而提高诊断的准确性。

2. 治疗建议有效性方面

(1) 合理的用药推荐

在诊断出可能的细菌感染后，MYCIN系统能够根据细菌的类型给出相应的药方，包括推荐合适的抗生素类药物以及药物剂量等。例如，对于一些耐药性较强的细菌感染，系统可以根据其特点推荐更有效的抗生素，减少治疗过程中的盲目性。这有助于医生制定更科学、合理的治疗方案，提高治疗效果。

(2) 辅助治疗决策

在治疗过程中，医生可以参考系统提供的治疗建议，结合患者的具体情况进行综合判断，从而做出更准确的治疗决策。特别是对于一些经验不足的医生来说，MYCIN系统的治疗建议可以起到很好的辅助作用。

3. 知识传播与教育方面

(1) 医学知识的整理与传播

MYCIN 系统将医学专家的知识以产生式规则的形式进行表示和存储,这实际上是对医学知识的一种整理和总结。通过使用该系统,这些知识可以更方便地被传播和学习,有助于提高医疗行业的整体水平。例如,年轻医生可以通过学习系统中的知识和推理过程,快速掌握血液感染疾病的诊断和治疗方法。

(2) 培训工具

MYCIN 系统可以作为医学教育的培训工具,让医科学生在实践模拟中学习如何进行疾病诊断和治疗。学生可以模拟使用系统,了解不同症状和检查结果对应的疾病诊断和治疗方案,提高他们的临床思维能力和解决问题能力。

4. 促进医疗信息化方面

(1) 数据管理与利用

MYCIN 系统的应用需要输入患者的相关信息,这促进了医疗数据的搜集和管理。这些数据可以为后续的医学研究和临床决策提供支持,有助于推动医疗信息化的发展。例如,通过对大量患者数据的分析,可以发现某些疾病的发病规律和治疗效果的影响因素,为制定更有效的治疗策略提供依据。

(2) 推动医疗智能化发展

作为早期的医疗人工智能系统,MYCIN 系统为后来医疗领域中人工智能技术的应用和发展奠定了基础。它的出现让人们看到了人工智能在医疗领域的潜力,激发了更多的研究和创新,推动了医疗智能化的发展进程。

不过，MYCIN系统也存在一定的局限，比如其知识库的更新和维护需要耗费大量的时间和精力，系统的诊断和治疗建议仍然需要医生的进一步判断和确认等。但总体而言，它在医疗领域的应用效果是较好的，对医疗行业的发展产生了积极的作用。

专家系统

第五章

构建专家系统的工具及人员

在过去的几十年里，专家系统技术逐渐从实验室进入实际应用，发展成为协助人类决策的重要工具。开发专家系统是一个艰巨且花费巨大的过程，研究人员开发了各种开发工具用于构建专家系统，这些工具被称为shell（"壳"或"外壳"）。简单来说，shell就是一种编程环境，包含开发和运行专家系统所需的实用工具。它们的范围很广，从非常高级的编程语言到低级的支持设施等。

5.1 构建专家系统的工具

5.1.1 编程语言

用于构建专家系统应用的编程语言大多数都是面向问题的语言，如FORTRAN语言和C语言，或符号操纵语言，如LISP语言和PROLOG语言。面向问题的编程语言是为特定类别的问题而设计的，如FORTRAN语言具有方便进行代数计算的特点，适用于科学、数学和统计问题领域。符号操纵语言是为人工智能应用而设计的，LISP语言具有以列表结构形式操纵符号的机制。列表是用括号括起来的项目集合，每个项目可以是一个符号，也可以是另一个列表。列表结构是表示复杂概念的有用构件。在专家系统应用方面，最流行和最广泛使用的编程语言是LISP语言,不过PROLOG语言也越来越受欢迎。虽然也有少数专家系统是用FORTRAN语言、PASCAL语言或C语言等面向问题的语言编写的,但符号操作语言更适合人工智能领域的编程。

图5-1 LISP语言示意图

LISP语言是由麻省理工学院的约翰·麦卡锡于1960年开发的(图5-1)。LISP程序是一个应用于数据的函数,而不是其他语言中的一系列过程步骤。LISP语言使用一种非常简单的符号,操作及其操作数以括号列表的形式给出。例如,(+a(*b c))表示a+b×c。虽然这看起来很别扭,但这种表示方式在计算机上很好用。LISP语言从问世至今,不断完善和发展,有各种LISP系统在使用,例如,MACLISP、INTERLISP、UCILISP、COMMONLISP、GCLISP、UNIVACI等。图5-2是一个简单的LISP代码示例:计算两个数的和。

```
(defun add (xy)
(+xy))
(print (add 3 4))
```

图 5-2 LISP 代码示例

这段代码定义了一个名为 add 的函数，它接受两个参数 x 和 y，并返回它们的和。然后，我们调用这个函数，并将结果打印出来。在这个例子中，我们将 3 和 4 作为参数传递给 add 函数，因此输出结果为 7。需要注意的是，LISP 语言使用括号来表示表结构，而不是像其他编程语言那样使用花括号或方括号。这些特点使得 LISP 代码看起来有些与众不同，但同时也增加了其灵活性和表达能力。

逻辑编程语言 PROLOG（图 5-3）由法国马赛大学的阿兰·科尔梅劳尔构思，并于 1973 年完成。爱丁堡大学人工智能小组成员、逻辑学家罗伯特·科瓦尔斯基进一步开发了 PROLOG 语言。该语言利用了一种强大的定理求解技术，即英国逻辑学家艾伦·罗宾逊于 1963 年在美国原子能委员会位于伊利诺伊州的阿贡国家实验室发明的"解析"技术。PROLOG 语言可以判定一个给定语句是否从其他给定语句得出逻辑结论。例如，在给出"所有逻辑学家都是理性的"和"鲁滨逊是逻辑学家"这两个陈述时，PROLOG 程序会对"鲁滨逊是理性的吗？"这一询问做出肯定的回答。PROLOG 语言广泛用于人工智能领域。

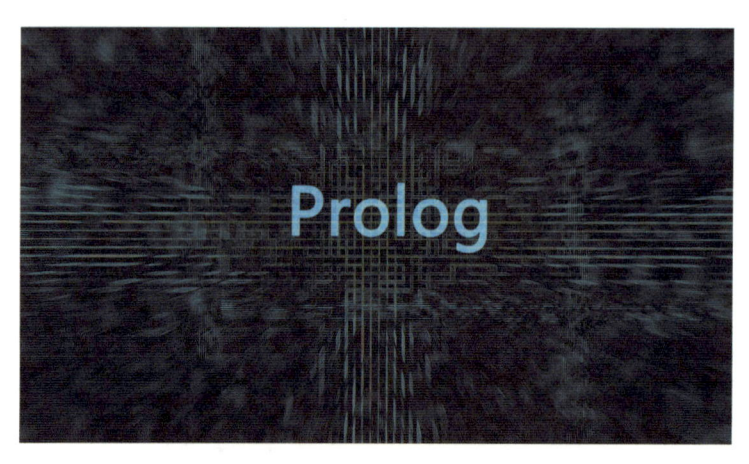

图5-3 PROLOG语言示意图

下面是一个简单的PROLOG语言例子(图5-4):

```
%定义一个祖父关系规则
grandfather(X,Y):-father(X,Z),father(Z,Y).

%定义父亲关系规则
father(tom,jim).
father(tom,ann).
father(bob,tom).

%查询祖父关系
? -grandfather(bob,X).
```

图5-4 PROLOG语言例子

在这个例子中,我们定义了祖父关系的规则,以及一些父亲关系的事实。然后我们查询Bob的孙子是谁。运行这个程序,我们可以得到答案,即Jim和Ann。

与传统编程语言相比,该语言的主要优点是可以简单地添加、删除或替换新规则。使用该语言开发专家系统简化了编码过程,为专家系统的构建者提供了更大的灵活性,但在如何表示知识或访问知识库的机制方面却没有提供更多的帮助。

5.1.2 知识工程语言

知识工程语言是一类专门用于建造和调试专家系统的高级语言工具,旨在为开发专家系统提供便利和效率,由专家系统构建语言和相应的支持环境组成。知识工程语言是一种编程语言,用于获取知识、接受/拒绝知识,以控制和指导计算机的运行,旨在构建和调试专家系统。在如何表示和操作知识方面,知识工程语言比其他编程语言更灵活。知识工程语言通常分为骨架型和通用型,以满足不同层次和领域的应用需求。骨架型知识工程语言,又称专家系统外壳,通过抽离具体知识但保留体系结构和功能的方式(即去掉了特定领域知识,只留下推理引擎和支持设施的专家系统)提供了一个快速构建专家系统的框架。这种类型的语言适用于特定领域,能够高效地生成新的专家系统,但其灵活性和通用性较差。通用型知识工程语言则不依赖于任何已有的专家系统,具有更大的灵活性和通用性。它们提供了更多的数据和知识存取控制手段,适用于广泛的领域和应用。这类语言在设计上更为复杂,但对开发者来说,提供了更高的自由度和定制能力。代表性的知识工程语言包括OPS5、CLIPS和JESS等。这些语言在知识表示、推理和开发专家系统方面具有独特的优势和广泛的应用。

一、OPS5语言

(一)简介

OPS5语言是一种基于产生式系统的知识工程语言，主要用于构建专家系统和进行实时决策支持。这种编程语言是由卡内基梅隆大学为模拟人类认知和记忆而开发的编程语言发展而来的。OPS5语言的产生式规则采用"如果-那么"形式，其中前件部分通常是模式的逻辑组合，后件部分是操作。通过匹配算法，激活选定的规则，按顺序执行其动作部分，并采用LEX或MEA策略进行冲突消解。推理策略支持向前链接和向后链接。由于其高效的推理机制和灵活的知识表示方式，OPS5广泛应用于各种复杂问题的求解。

(二)主要特点

1.产生式规则表示

OPS5语言使用产生式规则来表示知识和推理过程。产生式规则由条件部分和动作部分组成。当条件部分被满足时，就执行动作部分。

例如，"如果患者高烧且白细胞计数高，那么可能患有感染性疾病"这里，"患者高烧且白细胞计数高"是条件部分，"可能患有感染性疾病"是动作部分。

2.工作内存和规则匹配

系统维护一个工作内存，其中包含当前的事实和数据。规则库中的规则与工作内存中的事实进行匹配，当匹配成功时，则触发相应的规则。

例如,如果工作内存中有"患者体温为39℃"和"患者白细胞计数为15000"等事实,可能会触发上述关于感染性疾病的规则。

3.冲突解决策略

当多个规则同时满足条件时,需要一种冲突解决策略来确定执行哪个规则。OPS5语言通常使用优先级、最近使用等策略来解决冲突。

(三)实例

假设我们要开发一个简单的疾病诊断系统,使用OPS5语言可以按以下方式设计。

1.定义规则

规则1:如果患者有咳嗽、流鼻涕和打喷嚏症状,那么可能患有感冒。

规则2:如果患者有高烧、头痛和肌肉疼痛等症状,那么可能患有流感。

规则3:如果患者有胸痛和呼吸困难等症状,那么可能患有心脏病。

2.工作内存初始化

将患者的症状作为事实存入工作内存。例如,如果患者有咳嗽、流鼻涕和打喷嚏等症状,就将这些症状放入工作内存。

3.规则匹配和执行

系统会自动将规则库中的规则与工作内存中的事实进行匹配。如果匹配成功,就执行相应的规则动作,即给出相应的疾病诊断。

在这个例子中,如果工作内存中有咳嗽、流鼻涕和打喷嚏的事实,就会触发规则1,得出患者可能患有感冒的诊断。

二、CLIPS语言

(一)简介

在专家系统开发工具中,名气最大是CLIPS语言,CLIPS语言是一种极具特色的编程语言。(图5-5)

图5-5 CLIPS语言编程示意图

CLIPS语言起源于美国国家航空航天局的研发项目。它诞生的初衷是为构建专家系统等智能应用提供有效手段。在早期,专家系统作为解决复杂问题、模拟人类专家决策的重要技术,急需合适的开发工具,CLIPS语言应运而生并填补了这一空白。

从功能特性来看,CLIPS语言以其强大的规则处理能力著称。它基于产生式规则体系,用户能够清晰地定义各种条件与对应的操作。例如在智能交通管理系统中,可设置"如果某路口车流量大于阈值且持续时间超一定时长,那么调整信号灯时长"等规则。同时,CLIPS语言拥有灵活的数据表示机制,通过模板、事实等方式高效组织和存储信息,以适应不同领域知识的多样化需求。在教育领域的智能辅导系统中,可利用模板定义学生信息、学习进度、知识掌握程度等内容,方便后续推理和分析。

在应用层面,CLIPS语言发挥着重要作用且应用广泛。在医疗领域,它能帮助医生进行疾病诊断辅助,依据症状、检查结果等信息快速推理可能的疾病类型并提供治疗建议;在工业生产中,通过监测设备运行数据,及时发现潜在故障点并制定维修方案;在金融风险评估领域,依据市场数据、企业财务指标等多因素综合评估风险水平,为投资决策提供有力支撑。随着技术发展,CLIPS语言也在持续演进,不断融合新的编程理念与技术成果,增强自身性能与扩展性,在人工智能不断发展的浪潮中始终占据一席之地,为各领域的智能化发展持续贡献力量。

(二)实例

CLIPS语言允许开发者使用规则、事实、模板等结构来构建专家系统。以下是一个简单的CLIPS语言编程例子(用CLIPS语言来构建的一个简单的疾病诊断专家系统),用于演示如何定义模板、事实、规则,并运行系统以产生输出。读者不必搞清每个语句的含义,只需对专家系统程序的构成有个直观的概念即可。

1.问题描述

设计一个能够根据患者症状诊断疾病的专家系统。假设我们要诊断的疾病有感冒、流感和肺炎。

2.CLIPS语言的代码实现

(deftemplate symptom

(slot name)

(slot value))

(deftemplate disease

(slot name)

(multislot symptoms))

(defrule check-for-cold

? s1 <- (symptom (name "cough") (value yes))

? s2 <- (symptom (name "runny-nose") (value yes))

? s3 <- (symptom (name "sneezing") (value yes))

=>

(assert (disease (name "cold") (symptoms "cough runny-nose sneezing"))))

(defrule check-for-flu

? s1 <- (symptom (name "fever") (value yes))

? s2 <- (symptom (name "headache") (value yes))

? s3 <- (symptom (name "body-ache") (value yes))

=>

(assert (disease (name "flu") (symptoms "fever headache body-ache"))))

(defrule check-for-pneumonia

? s1 <- (symptom (name "cough") (value yes))

? s2 <- (symptom (name "fever") (value yes))

? s3 <- (symptom (name "shortness-of-breath") (value yes))

=>

(assert (disease (name "pneumonia") (symptoms "cough fever shortness-of-breath"))))

(defrule print-diagnosis

?d <- (disease (name ?disease-name) (symptoms ?symptoms))

=>

(printout t "Possible diagnosis: " ?disease-name " with symptoms: " ?symptoms crlf))

3.代码解释

首先定义了两个模板：

symptom模板用于表示症状，包含name（症状名称）和value（症状是否存在）两个槽。

disease模板用于表示疾病，包含name（疾病名称）和symptoms（疾病的症状列表）两个槽。

然后定义了三个规则：

check-for-cold规则：当存在咳嗽、流鼻涕和打喷嚏这三个症状时，断言可能患有感冒。

check-for-flu规则：当存在发烧、头痛和身体疼痛这三个症状时，断言可能患有流感。

check-for-pneumonia规则：当存在咳嗽、发烧和呼吸急促这三个症状时，断言可能患有肺炎。

最后定义了一个print-diagnosis规则：当存在一个疾病断言时，打印出可能的诊断结果和症状列表。

4. 使用示例

假设我们有一个患者的症状是咳嗽、流鼻涕和打喷嚏,可以通过以下方式运行这个专家系统。

clips

复制

(reset)

(assert(symptom(name"cough")(value yes)))

(assert(symptom(name"runny-nose")(value yes)))

(assert(symptom(name"sneezing")(value yes)))

(run)

运行结果是:

plaintext

复制

Possible diagnosis: cold with symptoms: cough runny-nose sneezing

程序运行的结果显示:"可能的诊断结果为:感冒,其症状为:咳嗽、流鼻涕、打喷嚏。"

这句话是由使用CLIPS语言构建的疾病诊断系统运行后输出的结果。CLIPS语言根据输入的症状(咳嗽、流鼻涕和打喷嚏),系统经过推理判断,给出了可能患有感冒的诊断,并列出了与该诊断相关的症状表现。

这个简单的实例展示了如何使用CLIPS语言构建一个基本的专家系统,通过定义规则和模板,根据输入的症状进行推理和诊断。当然,实际的医疗诊断专家系统会更加复杂,但这个例子可以作为一个入门的参考。

通过这个例子,你是否对专家系统有一个比较直观的感受了,而且前面讲到的一些概念,如模板、槽、推理规则等也在程序中联系了起来。我们举这个例子的目的就是让读者能够消除对专家系统的神秘感。

三、JESS

(一)简介

在 Java 领域,有一些优秀的开源专家系统框架为开发智能应用提供了强大的支持(图 5-6)。其中,JESS 是一个广泛应用的框架。

JESS 以其强大的规则引擎而闻名,它允许开发者使用类似于 CLIPS 语言的产生式规则语法来表示知识和进行推理。开发者可以使用 Java 代码与 JESS 进行交互,将专家系统集成到更大的 Java 应用程序中。例如,在医疗诊断系统中,可以利用 JESS 定义各种疾病的诊断规则,再根据患者的症状和检查结果进行推理,给出可能的诊断结果和治疗建议。

这些基于 Java 的开源专家系统框架具有许多优点。首先,它们利用了 Java 语言的强大性和广泛的生态系统,可以与其他 Java 技术和工具无缝集成。其次,它们提供了丰富的功能和灵活的配置选项,满足不同应用场景的需求。此外,由于是开源项目,开发者可以参与社区贡献,获取支持和不断改进框架。

图5-6 Java编程示意图

(二)实例

如果我们用JESS构建一个和上述的疾病诊断专家系统功能相似的系统,那么它会是这样。

1.代码形式

import jess.JessException;import jess.Rete;

public class JessDiseaseDiagnosis {

  public static void main(String[ ] args) throws JessException {

    Rete engine = new Rete();

    // 定义事实模板

    engine.addDeftemplate("symptom", new String[ ]{"name", "value"});

    engine.addDeftemplate("disease", new String[ ]{"name", "symptoms"});

// 定义规则

engine.addRule("(defrule check-for-cold " +
" (symptom (name cough) (value yes)) " +
" (symptom (name runny-nose) (value yes)) " +
" (symptom (name sneezing) (value yes)) " +
" => " +
" (assert (disease (name cold) (symptoms cough runny-nose sneezing))))");

engine.addRule("(defrule check-for-flu " +
" (symptom (name fever) (value yes)) " +
" (symptom (name headache) (value yes)) " +
" (symptom (name body-ache) (value yes)) " +
" => " +
" (assert (disease (name flu) (symptoms fever headache body-ache))))");

engine.addRule("(defrule check-for-pneumonia " +
" (symptom (name cough) (value yes)) " +
" (symptom (name fever) (value yes)) " +
" (symptom (name shortness-of-breath) (value yes)) " +
" => " +
" (assert (disease (name pneumonia) (symptoms cough fever shortness-of-breath))))");

engine.addRule("(defrule print-diagnosis " +
" ?d <- (disease (name ?disease-name) (symptoms ?symptoms)) " +

```
            " => " +
            "（printout t \"Possible diagnosis：\"? disease-name \"
with symptoms：\"? symptoms crlf))");
        // 添加症状事实
            engine.assertString("(symptom（name cough）（value
yes))");
            engine.assertString("(symptom（name runny-nose）（value
yes))");
            engine.assertString("(symptom（name sneezing）（value
yes))");
            engine.run();
    }}
```

2.代码说明

（1）模板定义

首先使用addDeftemplate方法定义了"symptom"和"disease"两个模板。"symptom"模板有"name"和"value"两个属性，用于描述症状及其存在状态。"disease"模板有"name"和"symptoms"属性，用于存储疾病名称和相关症状列表。

（2）规则定义

规则是以Jess的语法编写的。

check-for-cold规则：

当检测到"cough"（咳嗽）、"runny-nose"（流鼻涕）和"sneezing"（打喷嚏）症状且症状值为"yes"时，断言可能患有感冒，并构建一个"disease"事实。

check-for-flu 规则：

依据"fever"（发烧）、"headache"（头痛）和"body-ache"（身体疼痛）症状来判断是否患有流感。

check-for-pneumonia 规则：

根据"cough"（咳嗽）、"fever"（发烧）和"shortness-of-breath"（呼吸急促）症状诊断肺炎。

print-diagnosis 规则：

当有"disease"事实存在时，打印出疾病名称和相关症状。

（3）事实添加与执行

通过 assertString 方法添加症状事实。然后调用 run 方法启动推理引擎，开始匹配规则并执行相应动作，最终输出诊断结果。

3.运行结果

当运行上述代码时，输出结果为："Possible diagnosis: cold with symptoms: cough runny-nose sneezing."即"可能的诊断：感冒，症状为：咳嗽、流鼻涕、打喷嚏。"

以上就是两种常用的构建专家系统的语言以及用它们编写的程序，通过比较这两段程序的结构可以发现，不同语言编写的专家系统程序的总体结构其实是大致相同的。

5.2 专家系统开发中的人员组成

构建专家系统被称为知识工程,其从业者被称为知识工程师。知识工程师必须确保开发出的专家系统拥有解决问题所需的知识。此外,配置好开发和使用专家系统所需的各类人员也非常重要。一般来说,专家系统开发团队主要有五类成员:领域专家、知识工程师、程序员、项目经理和最终用户(图5-7)。专家系统的成功取决于成员之间的合作。

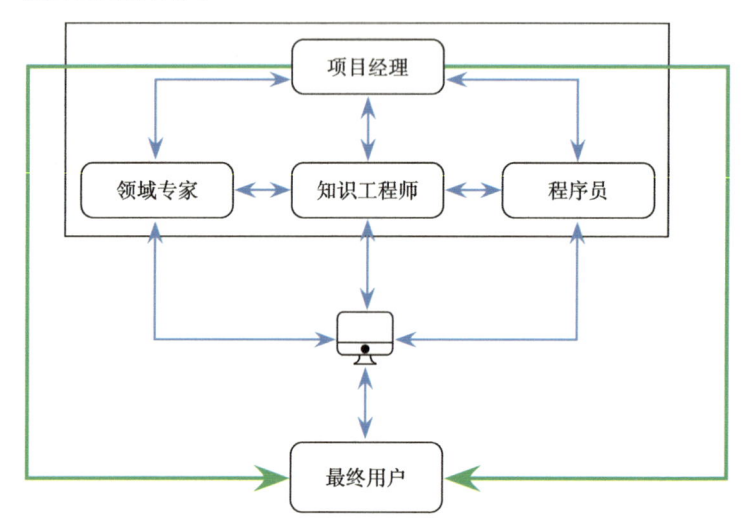

图5-7 专家系统开发团队的构成示意图

5.2.1 领域专家

在专家系统开发中,领域专家起着关键且不可或缺的作用。领域专家拥有丰富的专业知识和实践经验,他们能够为专家系统的构建提供核心的知识,包括问题的解决思路、判断依据、常见案例等。他们能协助确定解决问题的规则和策略,将其专业判断转化为可被系统理解和应用的规则形式。他们能向其他开发团队成员传授专业知识,帮助他们更好地理解领域问题和需求。在开发过程中,解答开发人员关于领域知识的疑问,确保系统开发方向正确。对初步构建的专家系统进行评估和验证,确保系统得出的结论和建议在专业领域内是正确的。

5.2.2 知识工程师

知识工程师是指有能力设计、构建和测试一个专家系统的人。他通过与领域专家交流了解一个特定的问题是如何被解决的。通过与专家的互动,知识工程师整理出专家使用的处理事实的规则和推理方法,并决定如何在专家系统中表示它们。然后,知识工程师选择一些开发软件或专家系统 shell,或者研究确定选用哪种编程语言。最后,知识工程师负责测试、修改并将专家系统集成到工作场所。

综上所述,知识工程师从最初的设计阶段到专家系统的最终交付阶段都致力于该项目,即使在项目完成后,他们也可能参与到系统的维护中。

5.2.3 程序员

程序员是负责实际编程的人,他们用计算机能够理解的代码来描述领域知识。程序员需要具备人工智能中的符号编程技能,如熟悉 LISP、Prolog、CLIPS 和 OPS5 等语言,以及应用各种类型的专家系统壳的经验。此外,程序员也应该知道传统的编程语言,如 Java、C 和汇编语言。

如果使用专家系统壳来开发专家系统,知识工程师可以很容易地将知识编码到专家系统中。但是,如果不会使用专家系统壳,则必须开发表示知识和数据的数据结构(知识库和数据库)、控制结构(推理引擎)和对话结构(用户界面)。

5.2.4 项目经理

项目经理在专家系统开发中发挥着至关重要的作用,他的主要工作包括以下几个方面:

(1)制定详细的项目计划,包括时间表、里程碑和资源分配,确保项目按计划有序推进。

(2)合理分配人力、物力和财力资源,确保资源的高效利用,以满足项目的需求。

(3)促进不同团队成员(如领域专家、知识工程师、程序员等)之间的有效沟通和协作,解决可能出现的冲突和问题。

(4)监督项目的进展和成果,确保开发过程符合质量标准,产品满足预期的功能和性能要求。

(5)跟踪项目的实际进度,与计划进度进行对比,及时发现偏差并采取纠正措施,以保证项目按时完成。

5.2.5 最终用户

最终用户,通常简称为用户。用户可能是一个分析化学家、诊断传染性血液疾病的初级医生或试图发现一个新的矿床的地质学家等。使用专家系统的每个用户都有不同的需求,而系统必须满足这些需求。用户不仅要对专家系统的性能有信心,而且要能放心地使用它。因此,专家系统的用户界面的设计对项目的成功也是非常重要的。

当所有的成员加入了团队时,就可以开始一个专家系统的开发。许多专家系统现在也可以通过在个人电脑上使用专家系统壳开发。对于小型的专家系统,项目经理、知识工程师、程序员,甚至是专家可以是同一个人。

第六章 专家系统的开发

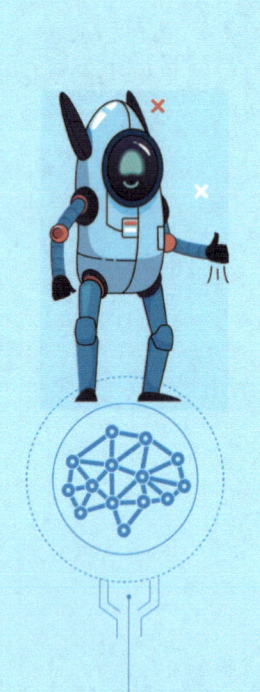

专家系统与传统的信息管理系统间有许多不同之处,包括解决问题的方法、系统规格的来源和获取,以及系统的物理设计等。因此,专家系统的开发流程和传统的信息管理系统的开发流程也会有一些差别,本章主要介绍在专家系统开发中涉及的一些方法和技术。

6.1 专家系统开发阶段的划分

传统软件有软件开发周期。同样,专家系统也有一个软件开发周期。大多数专家系统都可以使用传统的软件工程技术来开发,但要对这些技术进行一些修改,因为传统的软件开发周期在某种程度上不足以满足专家系统开发的要求。对于专家系统的开发,必须采用进化和原型方法。在这两种方法中,系统是通过知识工程师和专家之间持续、适当的互动并分为多个阶段开发出来的。与传统的软件开发方法相比,专家系统开发周期涉及更多的原型设计。图6-1是专家系统开发周期的各个阶段。

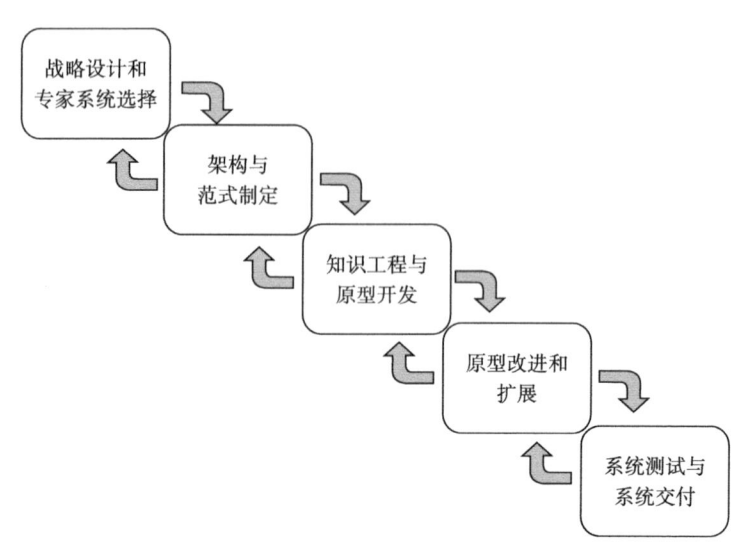

图 6-1 专家系统开发周期的各个阶段

从图 6-1 可以看到,专家系统开发生命周期要经历多个阶段。在这些阶段的所有活动都可能需要反复循环,直到系统达到预期的目标为止。

6.2 专家系统开发步骤

6.2.1 识别阶段

第一步是确定适当的问题领域,即确定客户期望专家系统解决的问题。在这一阶段,要对有关专家系统适用性的各种特征进行评估。问题定义阶段的各种活动包括确定领域专家(知识来源)和专家系统用户、解决问题的适当方法等,并与领域专家和用户讨论以正确理解专家系统的目的,以及准备一份适当的专家系统计划等。

该阶段的成果是初步需求评审报告。报告必须包括以下内容:

(1)问题描述,即专家系统应做什么。

(2)用户使用专家系统必须具备的技能清单。

(3)当前既定需求清单。

(4)初始原型开发的暂定时间表。

(5)进度计划。

6.2.2 概念化阶段

在这一阶段,要对专家系统情况进行描述,并设计拟议的问题。也就是说,描述预期的系统能力,并确定解决拟议问题所需的专业知识。知识工程师和专家之间的讨论有助于明确系统的范围及其细节,并有助于确定问题的子问题,从而以原型的形式快速实施。

在这一阶段,要进行知识获取,即从领域专家那里获取知识。要完成两项任务:

(1)知识源识别和选择。

(2)知识获取、分析和提取。

获取知识是知识工程师的职责。知识工程师必须识别各种知识源,并选择合适的知识源。知识工程师要与领域专家多次面谈,并讨论各种问题。

6.2.3 形式化阶段

在这一阶段,要设计程序逻辑。形式化是指对前几个阶段获得的知识进行整理,并对关键概念和子问题进行组织。获取的知识被组织和分类为一个层次分明的树状结构。

通过从领域专家那里获取知识来构建知识库(含规则),明确知识的表达方式,如规则、框架或逻辑。

在专家系统和其他外部资源之间确定和定义适当的用户界面。设计初步的用户界面,获取用户对界面的反馈意见。

6.2.4 原型构建阶段

电气与电子工程师协会将原型构建定义为一种开发方式,强调在开发过程的早期开发出原型,以获得反馈和分析,支持后期开发。原型只是一个工作模型或早期模型,用于测试系统的可行性。原型只是整个系统功能的一个子集,建立原型是为了让领域专家通过原型获得反馈。原型方法背后的基本思想是开发一个工作模型来满足需求,而不是在设计或编码之前冻结需求。

快速原型法之所以被用于专家系统的开发,是因为与其在投入大量资金、时间和资源后否定整个系统,不如通过建立一个原型来发现拟议系统可能存在的问题,从而能够在专家系统开发早期进行修改。因此,原型设计是一项降低总体成本的活动。原型开发方法的重点是快速实现想法,以便获得即时反馈,用于修改原型并继续开发。

6.2.5 系统开发阶段

系统开发阶段类似于传统模型的编码阶段。它是对初始原型的批判性检查,并通过反复调试来扩展专家系统的能力。如此循环往复,直至完成知识库的建设。初始原型只具备部分功能,因此,需在对初始原型进行适当评估后,将其余功能逐渐加入系统。知识库不断扩大,最终涵盖问题的所有方面。也就是说,在这一阶段结束时,我们将得到一个完整的专家系统,并在编码时对知识库进行适当的完善。

6.2.6 测试和评估阶段

专家系统开发周期的最后一步是对整个专家系统进行评估。在这一阶段,要对专家系统的所有功能,如用户界面和解释功能,进行适当的测试。在这一阶段,必须对专家系统的性能进行验证。

专家系统的测试(验证和确认)是通过使用大量测试实例来识别知识库和推理引擎中的错误或薄弱环节。在测试专家系统时,有必要生成足够多的测试实例,以覆盖整个领域。如果存在错误(不完整或不一致),则需要完善知识库(结构和内容)和推理规则。

这一阶段包括验证关系、验证专家系统的性能,以及评估所开发系统的效能,包括评估成本、效益、可获得性和可接受性。

在验证过程中,要对以下方面进行检查:

(1)规则的一致性和完整性。

(2)验证规则,以避免规则之间相互作用产生任何意想不到的后果。

(3)用以得出结论的信息是否恰当以及为什么需要某些信息。

(4)计算机程序输出结果与领域专家的结果是否一致。

通过所有测试后,专家系统的开发工作就完成了。

知识获取是专家系统开发周期中的一个持续过程。所有阶段都需要这样做,但目的不同。例如,在概念化阶段,知识获取是为了搜集建立数据库所需的知识。在评估阶段,知识获取是为了完善知识库。

第七章 专家系统简史

专家系统

7.1 概述

专家系统是一种人工智能领域的软件系统。人工智能是计算机科学的一个分支。

专家系统是人工智能的一个重要分支和应用领域,是基于人工智能技术和方法构建的,是一种模拟人类专家解决特定领域问题的计算机程序。它通过整合领域知识、推理机制和解释能力,为用户提供专业的建议和决策支持。从早期的简单规则系统到如今的复杂智能体,专家系统经历了漫长而精彩的发展历程。专家系统的发展推动着多个领域的技术进步,为解决复杂问题提供了有力的工具。

7.2 专家系统的发展历程

7.2.1 专家系统的起源与早期发展

1. 概念的诞生

在20世纪50年代，人工智能的先驱们开始思考如何让计算机模拟人类的智能行为。随着对知识表示和推理方法的研究不断深入，专家系统的概念逐渐浮出水面。1956年的达特茅斯会议被认为是人工智能诞生的标志，这次会议为专家系统的发展奠定了思想基础。

2. 早期的探索与实验

在20世纪60年代，一些早期的专家系统原型开始出现。例如，美国的DENDRAL系统是化学领域的一个重要尝试。它旨在根据质谱数据推断有机化合物的分子结构。DENDRAL系统采用了启发式搜索和规则推理的方法，为后来的专家系统开发提供了宝贵的经验。

3. MYCIN系统的出现

20世纪70年代，MYCIN系统的开发标志着专家系统进入了一个新的阶段。MYCIN 是一个用于医疗诊断的专家系统,它能够根据患者的症状、实验室检查结果等,推断出可能的疾病并给出治疗建议。MYCIN 系统采用产生式规则表示知识,通过逆向推理进行诊断。它还引入了确定性因子来处理不确定性,提高了诊断的准确性。MYCIN 系统的成功展示了专家系统在实际应用中的巨大潜力,为后续的发展奠定了坚实的基础。

7.2.2 专家系统的快速发展期

1. 技术的进步

20 世纪 80 年代—90 年代,计算机技术的飞速发展为专家系统的发展提供了有力支持。硬件性能的提升使得专家系统能够处理更复杂的问题,而软件技术的进步则带来了更高效的开发工具和方法。例如,面向对象编程、数据库技术和图形用户界面的出现,使得专家系统的开发和使用更加便捷。

2. 应用领域的拓展

专家系统在各个领域得到了广泛应用。在医疗领域,除了 MYCIN 系统之外,还有许多其他的医疗诊断专家系统被开发出来,如 INTERNIST 和 CADUCEUS 等。在工业领域,专家系统被用于故障诊断、生产过程控制和质量检测等方面。在金融领域,专家系统被用于风险评估、投资决策和信用分析等。此外,专家系统还在农业、交通、教育等领域发挥了重要作用。

3. 知识工程的兴起

随着专家系统的应用不断拓展,知识工程作为一个专门的研究领域逐渐兴起。知识工程研究致力于研究知识的获取、表示、存储和利用等问题,为专家系统的开发提供理论和方法支持。在这一时期,出现了许多知识工程的方法和工具,如知识获取工具、知识表示语言和知识库管理系统等。

7.2.3 专家系统的成熟与挑战

1. 成熟的标志

20世纪90年代末,专家系统已经在许多领域取得了显著的成果,成为了一种成熟的技术。专家系统的开发方法和工具逐渐标准化,知识库的质量和规模也不断提高。同时,专家系统的应用也从单一的领域扩展到了跨领域的综合应用,如智能决策支持系统和企业知识管理系统等。

2. 面临的挑战

尽管专家系统取得了很大的成功,但也面临着一些挑战。第一,知识获取仍然是一个难题。专家系统的知识主要来源于领域专家,但领域专家的知识往往是隐性的、经验性的,难以直接获取和表示。第二,专家系统的维护和更新也比较困难。随着领域知识的不断更新和变化,专家系统的知识库需要及时进行维护和更新,这需要耗费大量的时间和精力。第三,专家系统的性能和可扩展性也存在一定的问题。当处理大规模的问题或复杂的知识时,专家系统的性能可能会下降,可扩展性也受到限制。

7.2.4 专家系统的新发展

1. 与其他技术的融合

随着信息技术的不断发展,专家系统开始与其他技术融合,以提高自身的性能和应用范围。例如,与机器学习(图7-1)、数据挖掘和自然语言处理等技术的融合,使得专家系统能够更好地处理大规模的数据和复杂的知识。同时,与互联网、云计算和物联网等技术的融合,也使得专家系统能够实现分布式计算和远程服务,为用户提供更加便捷的服务。

图7-1 机器学习示意图

2. 智能体和多智能体系统

智能体和多智能体系统的出现为专家系统的发展带来了新的机遇。智能体是一种具有自主决策和行动能力的软件实体,它可以通过感知环境、学习和推理等方式来实现自身的目标。多智能体系统则是由多个智能体组成的系统,它可以通过协作和交互来解决复杂的问题。在专家系统中,智能体可以作为知识的载体和推理的主体,实现更加灵活和高效的决策支持;多智能体系统则可以用于构建分布式的专家系统,提高系统的可扩展性和可靠性。

3.应用领域的深化

21世纪以来,专家系统在各个领域的应用不断深化。在医疗领域,专家系统不仅可以用于疾病诊断和治疗建议,还可以用于医疗质量管理、医疗资源分配和医疗决策支持等方面。在工业领域,专家系统可以用于智能制造、智能物流和智能维护等方面。在金融领域,专家系统可以用于风险管理、投资组合优化和金融市场预测等方面。此外,专家系统还在环境保护、能源管理和公共安全等领域发挥着重要作用。

专家系统作为人工智能的一个重要分支,经历了半个多世纪的发展历程。从早期的简单规则系统到如今的复杂智能体,专家系统在技术、应用和理论等方面都取得了巨大的进步。在未来,随着信息技术的不断发展和应用需求的不断增长,专家系统将继续发挥重要作用,为解决复杂问题提供更加智能、高效的决策支持。同时,专家系统也将不断与其他技术进行融合,实现自身的创新和发展。

7.3 我国专家系统的发展历程

我国的专家系统研究起步较晚,但受到了高度重视。最初,专家系统的应用主要集中在军事、勘探、交通等领域。

随着对专家系统研究的深入和计算机技术的飞速发展,我国的专家系统开始迅速崛起。在这一阶段,专家系统的应用领域得到了极大的拓展,不仅涵盖了原有的军事、勘探、交通等领域,还逐渐渗透到医学、农业、商业、教育、工业、建筑、科学、国防、工程以及决策管理等众多领域。在学术研究上,我国也取得了丰硕的成果。已发表数以千计的科技学术论文,众多具有知识产权的专家系统和人工智能著作相继问世。这些成果不仅为我国研究专家系统提供了丰富的理论基础和技术支持,还推动了我国人工智能技术的整体发展。一些国内开发的专家系统包括:由中国科学院合肥智能机械研究所开发的施肥专家系统,用于指导农业施肥;由南京大学研制的新构造找水专家系统,应用于地质勘探领域;由吉林大学开发的勘探专家系统及油气资源评价专家系统,用于油气资源的勘探和评价;由浙江大学研制,服务于服装行业的服装剪裁专家系统及花布图案设计专家系统;等等。

具体而言,我们可以将中国专家系统的发展历程分为以下几个阶段。

7.3.1 起步阶段

20世纪80年代,随着人工智能在国际上的兴起,我国也开始关注并投入到专家系统的研究中。这一时期,国内的一些高校和科研机构开始引进国外先进的人工智能技术和专家系统理念,并进行初步的探索和尝试。

1. 技术引进与学习

国内学者积极翻译国外的人工智能和专家系统相关著作,了解国际上的最新研究动态。同时,一些高校开设了人工智能和专家系统的课程,培养了一批早期的专业人才。

例如,清华大学、中国科学院等单位开始组织研究团队,对专家系统的理论和技术进行深入研究。他们学习国外先进的知识表示方法、推理机制和开发工具,为我国专家系统的发展奠定了基础。

2. 初步应用

20世纪80年代,在一些特定领域,如农业、工业和医疗等,我国开始进行专家系统的初步应用。例如,在农业领域,开发了一些用于农作物病虫害诊断和防治的专家系统,帮助农民提高生产效率。

早期的应用虽然规模较小,但为我国专家系统的发展积累了宝贵的经验,证明了专家系统在中国的可行性和应用潜力。

7.3.2 发展阶段

20世纪90年代,中国专家系统的发展进入了一个快速发展的阶段。随着计算机技术的不断进步和国内对人工智能的重视程度不断提高,专家系统在更多领域得到了广泛应用。

1.技术创新与改进

国内的研究人员在借鉴国外先进技术的基础上,开始进行技术创新和改进。他们针对中国的实际情况和应用需求,提出了一些具有中国特色的知识表示方法和推理机制。

例如,在知识表示方面,提出了基于语义网络和框架的知识表示方法,更好地适应了中文自然语言处理和领域知识的表示。在推理机制方面,开发了基于模糊逻辑和神经网络的推理方法,提高了专家系统处理不确定性和复杂性问题的能力。

2.应用领域拓展

专家系统的应用领域不断拓展,涵盖了工业、农业、医疗、金融、交通等多个领域。在工业领域,开发了用于设备故障诊断、生产过程优化和质量控制的专家系统。在医疗领域,出现了用于疾病诊断、治疗方案推荐和医学影像分析的专家系统。

专家系统的应用不仅提高了各领域的生产效率和管理水平,也为其进一步发展提供了广阔的市场空间。

7.3.3 成熟阶段

21世纪以来,中国专家系统的发展逐渐成熟。随着信息技术的飞速发展和互联网的普及,专家系统与其他技术的融合不断加深,应用范围更加广泛。

1.与其他技术融合

专家系统与大数据、云计算、物联网等技术的融合成为发展趋势。通过与大数据技术融合,专家系统可以处理大规模的数据分析和挖掘任务,提高决策的准确性和可靠性。云计算技术为专家系统的部署和运行提供了更加便捷和高效的平台。物联网技术则使专家系统能够实时获取和处理物理世界的信息,实现智能化控制和管理。例如,在智能交通领域,结合物联网技术的交通流量监测和预测专家系统可以实时获取道路上的车辆信息,通过大数据分析和智能推理,为交通管理部门提供优化的交通控制方案。

2. 智能化水平提升

随着人工智能技术的不断进步,中国专家系统的智能化水平不断提升。深度学习、自然语言处理、计算机视觉等技术的应用,使专家系统能够更好地理解和处理自然语言、图像和视频等复杂信息。

例如,在智能客服领域,基于深度学习的自然语言处理技术使专家系统能够更加准确地理解用户的问题,并给出更加智能的回答。在医疗影像诊断领域,计算机视觉技术的应用使专家系统能够自动识别和分析医学影像,提高诊断的准确性和效率。

3. 产业发展与应用推广

中国专家系统的产业发展迅速,出现了一批专业的专家系统开发企业和解决方案提供商。这些企业在不同领域推出了一系列成熟的专家系统产品和解决方案,为各行业的智能化升级提供了有力支持。

同时,政府也加大了对建设人工智能和专家系统的支持力度,通过政策引导和资金扶持,促进专家系统的应用推广和产业发展。例如,在智能制造、智慧医疗、智能交通等领域,政府推动了一系列示范项目的建设,加快了专家系统的应用步伐。

总之，我国专家系统的发展历程经历了从起步到发展、再到成熟的阶段。在这个过程中，我国的专家系统技术不断创新和进步，应用领域不断拓展，智能化水平不断提升，为我国的经济发展和社会进步做出了重要贡献。

展望未来，我国的专家系统将继续保持快速发展的态势。随着人工智能技术的不断进步和应用场景的不断拓展，专家系统将在更多领域发挥重要作用。同时，随着与机器学习、深度学习等技术的融合应用，专家系统的智能化水平将进一步提升，更好地模拟人类专家的思维方式和决策过程。此外，随着物联网、大数据等技术的普及和发展，专家系统也将逐步向分布式、智能化、实时化方向发展。这将使得专家系统能够更加高效地处理海量数据、实现跨领域的知识共享和协同工作，从而为社会经济的发展提供更加有力的支持。

7.4 专家系统发展中的重要事件

专家系统的发展与人工智能密不可分,现在普遍认为麦卡洛克和皮茨两位专家于1943年提出的神经元模型(图7-2)为人工智能的第一项工作。他们的工作受生物学启发,利用大脑神经元的基本生理和功能知识,提出创建一个人工神经元网络来模拟人类推理。他们展示了逻辑命题和任何可计算函数如何通过神经元网络来计算。

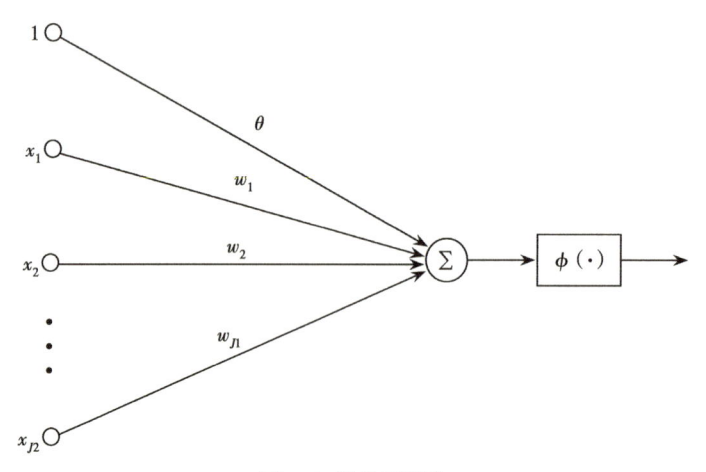

图7-2 神经元模型

简而言之，专家系统是一种人工智能系统，它利用人类专家的知识和经验来解决特定领域的问题，以下是专家系统发展中的一些重要事件。

1. 达特茅斯会议与人工智能的诞生

1956年8月，在美国汉诺斯小镇的达特茅斯学院举行了一次具有里程碑意义的会议。参加会议的科学家包括约翰·麦卡锡、马文·闵斯基、克劳德·香农、艾伦·纽厄尔、赫伯特·西蒙等。会议讨论的主题为用机器来模仿人类学习以及其他方面的智能。虽然会议没有达成普遍的共识，但为讨论的内容起了一个名字——人工智能。这一事件标志着人工智能作为一个独立学科的诞生，为专家系统的发展奠定了基础。这次会议激发了众多研究者对人工智能的兴趣，促使他们开始探索如何让机器具备智能行为，为后来专家系统的出现提供了思想基础和研究动力。

2. 世界上第一个专家系统Dendral的诞生

由美国斯坦福大学的费根鲍姆教授于1965年开发的Dendral是世界上最早的专家系统。这是一个化学专家系统，能根据化合物的分子式和质谱数据推断化合物的分子结构。当时主要运用逻辑学和模拟心理学等通用性学科知识，确立专家系统求解程序。Dendral项目证明了专家系统是可行的，它的出现具有重大意义。一方面，它为科学家们提供了一个将人工智能技术应用于实际问题的成功案例，让人们看到了人工智能在特定领域的应用潜力；另一方面，它也为后续专家系统的发展提供了技术基础和经验借鉴，促使更多的研究者投入到专家系统的研究中。

3. MYCIN系统的出现

MYCIN系统是由美国斯坦福大学研制的用于细菌感染患者诊断和治疗的专家系统,于1972年开始设计,1978年最终完成,用Interlisp语言编写。MYCIN知识库有200多条规则,可识别51种病菌,正确使用23种抗生素。它的临床咨询过程模拟人类医生的诊疗过程,医生向该系统提交患者数据,接收系统反馈的临床建议以及经由内部说明机制反馈的信息。MYCIN系统对于专家系统的发展有着极其重要的影响,被人们视为专家系统的设计规范,现在的很多专家系统都是参考MYCIN而设计研发的基于规则的专家系统。它在知识表达和推理机制方面所体现出的强大功能,为专家系统的发展树立了榜样。

4. 知识工程概念的提出

随着Dendral和MYCIN等早期专家系统的成功,人们逐渐意识到知识在构建智能系统中的核心地位。费根鲍姆等人在20世纪70年代正式提出了知识工程的概念。知识工程旨在研究如何获取、表示、存储和利用领域专家的知识,以构建高效的智能系统。这一概念的提出,使得专家系统的开发从单纯的技术探索上升到了一个系统的工程领域,为专家系统的进一步发展提供了理论指导和方法支持。知识工程的出现,促使研究者更加注重知识的获取和表示,推动了专家系统技术的不断完善和发展。

5. XCON系统的成功应用

1980年,卡耐基梅隆大学研发的XCON正式投入使用,成为专家系统发展的一个新的里程碑。XCON是一个用于配置计算机系统的专家系统,它可以根据客户的需求自动配置计算机硬件和软件。XCON的成功应用,证明了专家系统在商业领域的巨大价值,也带动了整个人工智能技术进入了一个繁荣阶段。据统计,在1980年到1985年间,就有超过10亿美元投入到人工智能领域,大部分用于企业内的人工智能部门,也涌现出很多人工智能软硬件公司。

6.专家系统在多个领域的广泛应用

20世纪80年代至20世纪90年代,专家系统在多个领域得到了广泛的应用,如医疗、金融、地质、气象等。例如,在医疗领域,专家系统可以帮助医生进行疾病诊断和治疗方案的制定;在金融领域,专家系统可以用于风险评估和投资决策;在地质领域,专家系统可以辅助地质勘探和矿产资源的开发。这些应用不仅提高了工作效率和质量,还为相关领域的发展带来了新的机遇。专家系统在多个领域的成功应用,进一步推动了专家系统技术的发展和普及,也使得更多的人开始认识和接受专家系统。

7.神经网络和深度学习技术的兴起对专家系统的影响

21世纪初,随着神经网络和深度学习技术的兴起,人工智能领域发生了重大变革。神经网络和深度学习技术具有强大的自学习能力和模式识别能力,可以自动从大量的数据中学习知识和规律。相比之下,传统的专家系统需要人工获取和整理知识,存在知识获取困难和知识更新不及时等问题。因此,神经网络和深度学习技术的兴起对专家系统的发展产生了一定的影响,一些研究者开始将神经网络和深度学习技术与专家系统相结合,以提高专家系统的性能和适应性。

8.智能助手和智能客服的出现(近年来)

近年来,随着人工智能技术的不断发展,智能助手和智能客服逐渐成为专家系统的新应用形式。智能助手和智能客服可以通过自然语言处理技术与用户进行交互,理解用户的问题,并提供准确的回答和建议。它们可以应用于各种场景,如智能手机、智能音箱、在线客服等。智能助手和智能客服的出现,不仅为用户提供了更加便捷的服务,也为专家系统的发展带来了新的机遇。未来,随着人工智能技术的不断进步,智能助手和智能客服的性能和功能将不断提升,有望成为专家系统的重要应用方向。

总的来说,专家系统的发展经历了从诞生到繁荣过程,这其中有挑战也有创新。在这个过程中,每一个大事件都对专家系统的发展产生了重要的影响,推动了专家系统技术的不断进步和应用领域的不断拓展。

专家系统

第八章
专家系统的应用

8.1 专家系统的应用领域

8.1.1 医学领域

医学专家系统如果设计得当,它可以提供准确的诊断信息,或者提供治疗或预后建议。诊断、治疗或预后建议是在程序接收到有关病人的信息(输入)后给出的。医学专家系统具有不同于其他医疗软件的特点,其中一个显著特点是,专家系统在得出诊断或治疗结论时所采用的步骤顺序往往是模仿临床推理设计的。在许多专家系统中,使用该系统的医生也可以获得步骤顺序。由于临床医学通常并不以确定性为基础,因此医学专家系统设计用概率来表达结论。人们普遍认为,专家系统软件必须包含大量有关疾病或病情的事实和规则,才能提供准确的答案。据估计,两本普通内科教科书和三本专科教科书需要200万条规则。由于需要大量数据,在过去,专家系统只有在使用大型、昂贵的计算机时才可行。随着功能更强的微型计算机和更高效的计算机语言的出现,现在任何拥有微型计算机的医生都可以使用专家系统(图8-1)。

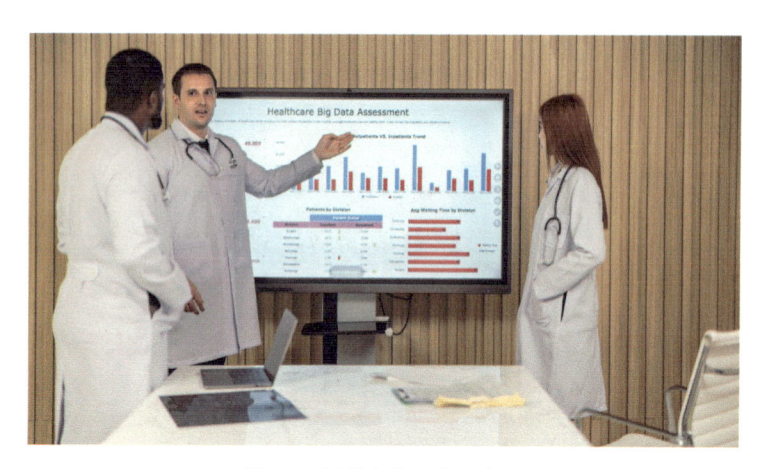

图8-1 医学专家系统示意图

除了前面介绍过的MYCIN系统外,还有许多应用于医疗领域的专家系统。1974年,匹兹堡大学成功研制内科病诊断咨询系统INTERNIST,并对其不断完善,最终发展成CADUCEUS专家系统。CADUCEUS专家系统能够根据患者的症状描述和其他相关信息,通过内置的医学知识和推理机制,为医生提供可能的诊断结果,有助于医生更全面地了解病情,提高诊断的准确性。除了诊断外,CADUCEUS专家系统还能根据诊断结果,为医生提供针对性的治疗建议。这些建议基于医学专家的经验和最新的研究成果,有助于医生制定更合理的治疗方案。CADUCEUS专家系统拥有庞大的医学知识库,其知识来源于医学文献、专家经验和临床实践。同时,CADUCEUS专家系统采用先进的推理机制,能够模拟医学专家的思维过程,进行复杂的逻辑推理和判断。

8.1.2 制造业领域

近年来,工业制造日益复杂,人们需要提高效率、缩短产品生命周期、增强灵活性、提高产品质量以更好地满足客户期望和降低成本。由于传统的集中式制造计划、调度和控制机制不够灵活,无法应对新情况、新问题,而专家系统技术为克服这些问题以及设计和实施分布式智能制造环境提供了一种自然的方法。

在生产计划和调度领域,已经开发了许多基于专家系统的应用(图8-2)。例如,智能调度和信息系统ISIS是最早将专家系统应用于作业车间调度的系统,ISIS使用分层规划将复杂的问题分解成易于管理的部分。PATRIARCH是一个多层次的计划、调度和控制系统,由卡内基梅隆大学开发。

图8-2 制造业领域专家系统应用示意图

8.1.3 教育领域

应用于教育领域的专家系统能有效管理教育资源,提高教育资源管理的效率,促进有效的教学。例如,传统的学术指导通常由人执行,随着学生数量的增加,学生的需求也越来越多,这给教师和其他工作人员带来了巨大的管理工作量。为教育开发的专家系统可以服务于各种目标，包括咨询、辅导、指导和评估。

斯坦福大学开发了课程推荐和规划系统CourseRank，它能帮助学生根据自己的专业要求、兴趣、课程评价等因素来选择适合自己的课程。通过搜集和分析大量的课程数据，CourseRank能够为学生提供课程推荐、课程安排建议以及课程难度评估等信息，有助于学生更合理地规划自己的学业。研究表明，全世界已有170多所大学采用了CourseRank，也让该系统成为世界上使用最广泛的课程咨询系统之一。除了课程推荐，专家系统还能用于其他方面。例如，在虚拟现实环境中帮助人类学习的专家系统（图8-3），可根据每个学生的背景和实际情况为其提供定制的课程等。

图8-3 在线学习专家系统示意图

8.1.4 金融和经济领域

金融专家拥有从实践中获得的知识,这些知识无法从文献中找到,也无法从任何其他途径获得,但这些知识对公司或金融市场却非常宝贵。金融领域的专家系统能让更多的人获得该领域的知识,同时也使该领域的工作更加容易。专家系统的重要优点是知识的统一性和随着时间推移不断改进的可能性。例如,如果专家系统用于帮助评估企业的投资风险,那么每一个相关参数都会受到关注,不用担心不同的工作人员使用不同的参数,也不用担心某些重要的参数会不被考虑在内。任何新参数如果对评估风险非常重要,就会被添加到知识库中,并被纳入考虑范围。此外,专家系统应用于市场营销领域,能处理诸如计划销售配额以及回答客户的询问等问题。根据所处理问题的不同,金融和经济领域专家系统可分为:企业财务分析专家系统、分析企业发展成功或失败原因的专家系统和市场分析专家系统等类。例如,摩根大通开发了一套复杂的信用风险评估专家系统。该系统整合了大量的客户数据,包括财务报表、信用记录、交易历史等(图8-4),通过运用先进的算法和模型,对客户的信用状况进行全面评估,这不仅帮助银行更准确地判断贷款违约的可能性,还能够优化贷款定价,在控制风险的同时提高盈利水平。

图8-4 金融领域信息整合与分析示意图

8.1.5 农业领域

农业生产系统已演变成一个复杂的商业系统,需要积累和整合来自许多不同来源的知识和信息。为了保持竞争力,现代农民往往依靠农业专家和顾问来获取决策信息。但当农民需要时,并不能及时得到农业专家的帮助。为了缓解这一问题,专家系统被认为是农业领域具有极大潜力的强大工具(图8-5)。农业专家系统有助于农作物或品种的选择、病虫害的诊断或识别,以及对其管理做出有价值的决策。

图8-5 农业领域专家系统应用示意图

20世纪80年代初,基于知识的专家系统技术已被应用于解决各种农业问题。应用于大豆疾病诊断问题的专家系统是农业领域最早开发的专家系统之一。该系统的独特之处在于它使用了两类决策规则:代表专家诊断知识的规则,以及通过对几百个病例的归纳学习而获得的规则。AGREX软件包能以最快的速度向农民提供有关影响植物的病虫害的最新信息、意见和建议,以及对这些病虫害的预防式控制措施建议。美国的"棉花专家系统"自1986年投入使用后,显著提高了棉花生产的经济效益。

8.1.6 军事领域

日益复杂的武器系统和不断增加的复杂信息给军队带来了许多新的挑战。指挥官必须及时做出决策,并在人力和培训时间有限的情况下保持战备状态。人工智能技术有可能为军队解决其中的许多问题,一些专家系统的应用已经证明了其在这一领域中的实用性(图8-6)。

图8-6 军事领域专家系统应用示意图

美国海军研究实验室开发了一套武器分配专家顾问系统。该系统可生成武器分配计划,还可评估单个武器对目标的有效性,然后生成完整的评估计划,考虑所有武器对所有目标的可能分配方式。通常,这需要采用穷举搜索技术,是一种非常耗时的算法,而该专家系统处理同一问题可以比传统方式节约近98%的时间。

8.2 专家系统实例

我们可以在多个领域看到专家系统的应用,以下是一些这方面的例子。

8.2.1 SHINE 系统

SHINE 系统是一个为 NASA 设计的专家系统。SHINE 系统主要用于监测、分析及诊断实时与非实时系统的健康状况,确保 NASA 任务的可靠性和安全性。它是一个基于知识的专家系统,能够模拟一个或多个专家的知识运用及分析技巧。该系统采用了模块化设计,具有高度灵活性和可扩展性,可以适应不同的任务需求。主要功能包括系统监测、实时数据分析、故障诊断与健康预测等。

美国国家航空航天局根据其喷气推进实验室人工智能研究小组在开发太空飞行操作专家系统(特别是诊断航天器健康状况)方面的经验和要求,开发了这个复杂的可重复使用的软件。该系统设计得足够高效,能够在要求苛刻的实时环境和有限的硬件环境中运行。该技术已用于美国国家航空航天局的几项应用,包括火星探测车(图 8-7)和航天器健康自动推理飞行员(SHARP)计划。

图 8-7 火星探测车

8.2.2 MUDMAN 系统

MUDMAN 是由 Baroid 公司设计的专家系统，用来分析钻井产生的"泥浆"（图 8-8）。钻井现场工程师通常每天至少要对泥浆进行两次采样和分析，分析大约 20 个参数的读数，包括黏度、比重和泥沙含量等。MUDMAN 系统可以帮助现场工程师更稳定地完成工作，它能对工程师输入的数据进行评估，并将这些数据与特定油井的历史数据相结合，从而确定趋势。然后，它可以建议对泥浆成分进行调整，并提醒工程师注意潜在的问题。例如，在北海的一个钻井现场，MUDMAN 系统正确诊断出了一个泥浆污染问题，而这个问题十多年来一直被人工专家误诊。随着人工智能技术的不断发展，MUDMAN 系统也在不断完善和优化。

图8-8 MUDMAN系统泥浆分析示意图

8.2.3 PROSPECTOR系统

PROSPECTOR系统是斯坦福研究所研发的，采用启发式推理、不精确推理，使用产生式规则、框架、语义网络等方式来表达知识。PROSPECTOR系统主要应用于地质勘探（图8-9）和采矿行业，结合采矿理论和人工智能技术，为煤炭工业的信息化建设提供重要支持。PROSPECTOR系统帮助美国进行地质调查和地质矿产勘探。作为专家系统的一个重要实例，PROSPECTOR系统的成功研发和应用，不仅推动了专家系统技术的进一步发展，也为采矿行业的信息化和智能化提供了有力支持。

图8-9 地质勘探示意图

8.2.4 XCON系统

　　XCON系统起源于RI（XCON）系统，该系统最初是由美国卡内基梅隆大学在1980年开发的，用于进行计算机系统配置。该系统基于用户的订单和需求，运用计算机系统配置的知识，选择最合适的系统部件，如中央处理器的型号、操作系统的种类及与系统相应的型号、存储器和外部设备以及电缆的型号（图8-10）。在DEC公司（美国数字设备公司）内部使用时，该系统得到了进一步发展，其规则从最初的750条发展到3000多条，功能大大增强，并被称为XCON系统。XCON系统主要用于计算机系统配置领域，根据用户的订单和需求，自动选择合适的系统部件，并给出完整的系统配置方案。该系统在DEC公司内部得到了广泛的应用，不仅提高了计算机系统配置的效率和准确性，还节省了大量的资金和人力资源。据估算，XCON系统每年能为DEC公司节省超过五千万美元的经费。此外，该系统的成功研发和应用,也推动了专家系统技术的进一步发展和普及,为其他领域的专家系统开发提供了有益的参考和借鉴。

图 8-10 计算机系统配置示意图

8.2.5 CaDet 系统

CaDet 系统是一个专注于早期癌症识别的专家系统,旨在利用专业知识和人工智能技术来辅助医生在癌症的早期阶段进行识别。它是专家系统技术在医学领域应用的一个典型例子,特别是在癌症的早期诊断和治疗方面。CaDet 系统集成了大量医学领域关于癌症的专业知识和经验,包括各种癌症的病理特征、临床表现、影像学表现等。该系统能够基于输入的病例信息,结合内置的推理规则,进行智能分析和判断,辅助医生进行癌症的早期识别。CaDet 系统的应用,能够显著提高癌症早期诊断的准确性和效率,为癌症患者争取更多的治疗时间和机会。同时,该系统还能够减轻医生的工作负担,提高医疗资源的利用效率。

8.2.6 KBVLSI系统

KBVLSI是一个超大规模集成电路设计系统,是一种设计型专家系统。该系统主要用于超大规模集成电路(图8-11)的设计领域,通过集成专家知识和智能推理技术,辅助工程师进行复杂的VLSI设计任务。

图8-11 超大规模集成电路示意图

随着电子技术的飞速发展,超大规模集成电路的设计变得越来越复杂。传统的设计方法已经难以满足现代集成电路对性能、功耗、面积等多方面的要求。因此,人们开始探索利用多种人工智能技术,特别是专家系统技术,来辅助设计。KBVLSI就是在这样的背景下应运而生的。

KBVLSI通过集成领域专家的知识和经验,以及智能推理机制,能够自动或半自动地完成超大规模集成电路设计的多个阶段,包括电路设计、布局规划、布线等。具体来说,KBVLSI可以根据设计需求,自动搜索并应用合适的设计规则和策略,优化设计方案,提高设计效率和质量。KBVLSI以知识库为核心,集成了大量领域专家的知识和经验。这些知识以规则、框架等形式表示,并存储在计算机中,供系统推理时使用。它采用智能推理技术,能够模拟专家的思维过程,对设计问题进行深入分析和推理。通过推理,系统能够自动生成设计方案,并对其进行优化。KBVLSI能够自动完成超大规模集成电路设计的多个阶段,减少人工干预,提高设计效率。KBVLSI主要应用于超大规模集成电路的设计领域。随着集成电路技术的不断发展,KBVLSI的应用范围也在不断扩大。目前,KBVLSI已经广泛应用于通信、计算机、消费电子等多个领域的集成电路设计中。

第九章 专家系统的发展趋势

一项针对近30年专家系统应用的调查研究表明,大多数专家系统应用程序都来自商业领域,例如人力资源、市场营销或会计与财务等。在20世纪80年代末和90年代初,人们对应用专家系统的需求上升,但进入21世纪后,专家系统的热度在降低。对此有两种解释,一种是"专家系统失败了",因为专家系统没有实现原来预想的成就。另一种解释是,专家系统是成功的,因为当IT专业人员掌握了规则引擎等概念时,这些工具从开发特殊目的专家系统转变为开发软件的标准工具。许多主要业务应用程序套件供应商(如SAP、Siebel和Oracle)将专家系统能力集成到他们的产品套件中来满足商业需求。

总之,专家系统的影响和成果在人工智能发展的历史和智能系统的不断演进中显而易见。虽然专家系统可能面临新的挑战,但其成功经验为人工智能技术的发展做出了贡献。

9.1 专家系统的发展趋势

随着机器学习和统计学习的兴起,人工智能领域出现了新的研究热点。自然而然地,人们认为如果将机器学习技术应用于专家系统,专家系统的推理性能将会得到提升,事实上模糊逻辑和深度学习正在应用于新一代专家系统。如今,各种不同的专家系统蓬勃发展,专家系统的研究进入了一个新的繁荣时期。

目前,大多数专家系统应用于商业领域。一项调查研究表明,在20世纪80年代末和90年代初,人们对专家系统的兴趣主要在企业运营、金融和管理等方面。

一项在1984年至2016年间进行的行业调查显示,会计、金融服务、制造业和医药行业是专家系统应用的热门行业,这些行业能够迅速探索和采用专家系统等新技术。

知识表示在专家系统中扮演了非常重要的角色,虽然某些知识获取技术和专家系统平台可能适用于特定的知识表示方法,但在实践中可能会使用许多不同的知识表示方法。

9.2 专家系统的未来

21世纪以来,人工智能技术飞速发展,使得专家系统的未来充满了潜力和可能性,呈现出以下几个主要的发展方向。

9.2.1 深度学习与专家系统的融合

深度学习(图9-1)是机器学习的一个子领域,它使用多层人工神经网络来模拟人类大脑对数据进行处理和学习的流程。深度学习是近年来人工智能领域的重大突破,其多层结构和非线性处理能力,在解决复杂模式识别问题方面具有显著优势。

图9-1 深度学习示意图

在传统专家系统中,规则和知识通常由人类专家手动编写,这限制了系统的灵活性和适应性。将深度学习与专家系统相结合,可以充分融合深度学习在数据处理和特征提取方面的优势,以及专家系统在知识表示和推理方面的特长。这种融合有助于构建更加智能、高效、可解释的人工智能系统,进一步提升解决复杂问题的能力。例如,在医疗诊断中,深度学习算法可以从海量医疗数据中学习病症特征,并结合专家系统的规则推理,提供更加精准的诊断建议。在金融领域,利用深度学习模型分析交易数据中的异常模式,并结合专家系统的规则库进行风险评估和预警。在工业生产过程中,利用深度学习进行设备故障诊断和预测性维护,同时结合专家系统的知识库进行故障分析和维修指导。

9.2.2 自然语言处理方面的应用

自然语言处理(图9-2)是计算机科学和人工智能领域中的一个重要分支,专注于研究人与计算机之间用自然语言进行有效交流的理论和方法。

图9-2 自然语言处理示意图

专家系统常应用于智能问答系统，通过自然语言处理技术实现与用户之间的交互。用户可以用自然语言提出问题，系统则利用自然语言处理技术进行问题理解、信息检索和推理，最终给出准确的答案或解决方案。此外，自然语言处理技术还可以帮助专家系统识别用户的意图和需求。通过对用户输入的自然语言进行分析，系统可以判断用户的真实意图，并据此提供相应的服务或建议。例如，在客户服务领域，结合自然语言处理的专家系统可以理解客户所说的问题，并提供及时、准确的解答，显著提升服务效率和用户满意度。

9.2.3 知识图谱的引入

知识图谱是由谷歌、微软、IBM等著名公司提出的一个基于网络关系的概念模型，它以结构化的方式描述事物间的关系及其属性，以加强自然语言理解能力、数据分析能力、决策支持能力以及知识管理能力。知识图谱的构建包括实体识别、关系抽取、知识表示和知识融合等步骤，最终形成一个包含丰富语义信息的网络图。知识图谱以图形化的方式表示知识，能够直观地展示实体之间的关系，为专家系统提供更丰富、更直观的知识表示方式，有助于专家系统更准确地理解和处理复杂问题。知识图谱中的关系网络为专家系统提供了更多的推理路径和依据。通过分析知识图谱中的关系，专家系统可以进行更深入的推理和判断，从而得出更准确的结论。

在法律领域，知识图谱可以表示法律条文、案例、当事人等实体及其关系。专家系统可以基于这些知识图谱进行法律推理、案例匹配等。例如，在处理一起法律案件时，专家系统可以自动检索与案件相关的法律条文和案例，并给出相应的法律建议。在医疗领域，知识图谱可以表示医学知识库中的疾病、症状、药物等实体及其关系。专家系统可以基于这些知识图谱进行疾病诊断、治疗方案推荐等。例如,通过分析患者的症状与知识图谱中的疾病对应关系,专家系统可以快速准确地诊断出患者的疾病。

9.2.4 云计算和分布式系统

云计算(图9-3)是一种基于互联网的计算模型,通过虚拟化的计算资源,提供按需获取、快速扩展和灵活使用计算资源的能力。云计算的发展源于对计算资源利用率和灵活性的追求,它将计算资源集中管理,通过虚拟化技术实现资源的共享和动态分配,从而提高计算资源的利用效率。云计算的服务类型主要包括基础设施即服务(IaaS)、平台即服务(PaaS)和软件即服务(SaaS)三种。

云计算与专家系统的结合,可以进一步提升专家系统的性能和智能化水平。例如,云计算为专家系统提供了强大的计算资源和存储能力,使得专家系统能够处理更复杂的问题和更大规模的数据。同时,云计算的灵活性和可扩展性也为专家系统的部署和升级提供了便利。

图9-3 云计算示意图

分布式系统(图9-4)是指逻辑上统一而物理上分布在不同的节点上的系统。分布式系统具有更高的处理能力、可扩展性和容错性,能够处理大规模、复杂的问题。

图9-4 分布式系统示意图

在实际应用中,专家系统可能会利用分布式系统的计算资源来加速问题的求解过程。例如,在处理大规模数据时,专家系统可以将数据分解并分发到分布式系统的多个节点上进行并行处理。

9.2.5 多学科融合

随着科技的快速发展,单一学科的知识和技术已经难以满足复杂问题的求解需求。多学科融合应运而生,它强调不同学科之间的交叉与融合,通过整合多个学科的优势资源,形成综合性的解决方案。在专家系统中引入多学科融合,可以拓宽系统的知识领域,提高系统的智能水平和决策准确性。多学科融合专家系统需要采用合适的知识表示方法,将不同学科的知识转化为计算机可理解的形式。同时,系统还需要具备强大的推理能力,并能根据已有的知识和规则进行逻辑推理和决策分析。

通过结合生物学、经济学、社会学等多个领域的知识,专家系统可以在更广泛的应用场景中发挥作用。例如,在环境保护中,融合生态学和环境科学知识的专家系统可以为环境监测和保护提供智能化解决方案(图9-5)。

图9-5 环境监测和保护示意图

9.2.6 个性化和可解释性

随着专家系统的广泛应用,用户对个性化和可解释性的需求也在增加。个性化是指系统能够根据用户的特定需求和偏好提供定制化建议,而可解释性则是指系统的决策过程应当透明、易于理解。例如,在金融领域,专家系统不仅需要为客户提供投资建议,还需要解释这些建议的依据,以增强用户的信任。

专家系统的发展趋势表明，其正在向更加智能化、灵活化和人性化的方向迈进。深度学习、自然语言处理、知识图谱、云计算、多学科融合、个性化和可解释性等技术的引入，将进一步提升专家系统的能力，扩大其应用范围。未来，专家系统将在医疗、金融、农业、法律等各个领域发挥越来越重要的作用，为人类社会的发展贡献更多智慧和力量。